品成

阅读经典 品味成长

心理能量

陈历杰 著

人民邮电出版社

北京

图书在版编目（CIP）数据

心理能量 / 陈历杰著 . -- 北京：人民邮电出版社，
2025. --ISBN 978-7-115-66699-4

Ⅰ. B84-49

中国国家版本馆 CIP 数据核字第 2025B186R7 号

◆ 著　　　　陈历杰
　　责任编辑　郑　婷
　　责任印制　马振武

◆ 人民邮电出版社出版发行　　北京市丰台区成寿寺路 11 号
　　邮编 100164　　电子邮件 315@ptpress.com.cn
　　网址 https://www.ptpress.com.cn
　　三河市中晟雅豪印务有限公司印刷

◆ 开本：880×1230　1/32
　　印张：6.5　　　　　　　　　　2025 年 4 月第 1 版
　　字数：138 千字　　　　　　　2025 年 4 月河北第 1 次印刷

定价：52.80 元

读者服务热线：（010）81055671　印装质量热线：（010）81055316
反盗版热线：（010）81055315

推荐序｜翻过自己这座山

　　我原本给这篇推荐序拟了另外一个名字——《少年"杰"的英雄之旅》，因为每每想到历杰老师的人生故事，我就会联想到李安执导的电影《少年派的奇幻漂流》。那个在茫茫大海上漂浮着的屡次绝望又数次"扬帆"的少年派，远非一般人可比；那在强大的意志力的支撑下爆发出的巨大的生命能量，令人惊艳和钦佩。

　　历杰老师便是我心里的——非一般人。或许是因为我多年来在媒体和心理两个领域深耕，我的身边出现过很多"非一般人"，他们仿佛是被生活特意选中的人，不断被考验、被磨砺，人生在一次又一次触底反弹后，终得圆满。

　　历杰也同样"历劫"。他9岁时，妈妈被癌症夺走了生命；15岁时，父亲下岗，生活陷入极度贫困；17岁时，因抑郁学业成绩下滑；18岁时，没能考取理想的大学；19岁时，与同学关系陷入僵局，与所有荣誉无缘；22岁时，恋爱受挫；23岁时，就业遇到危机；24岁时，父亲身患癌症，他四处筹集手术费……紧接着是工作不顺、晋升无望、被同事排挤，5万美元的奖学金鸡飞蛋打、岳母突然去世、妻子悲伤抑郁、海外求职一次又一次被拒……

　　而就是在如此境遇中，他为自己书写了另外一个人生剧本——名校硕士、海外知名商学院工商管理硕士、耶鲁大学访问学者、知名家事调解法官、心理专家，他婚姻幸福，被朋友关爱，整日能量满格！

　　我虚长他几岁，在生活和工作中，我们交流很多。虽然有时我看他像看一个弟弟，但更多的时候，我还是称呼他为"历杰老师"，因为我发自心底地尊敬他—— 一个始终在翻山越岭的人，了不起！

在德尔斐的阿波罗神庙里有一句铭文：认识你自己。《道德经》中写道："知人者智，自知者明。"可是人要如何才能认识和了解自己呢？幸好，像历杰老师这样在生活中不断翻山越岭的人生榜样们给我们打了个样儿。

首先，我们需要找到自己的"道"，意思是说，我们每个人都要完成内心的旅程，在通往真实自我的道路上，寻得自己的道理。

其次，我们需要接受生活的"雕刻"，把每一个痛苦焦虑的时刻、每一个求而不得的时刻、每一个事与愿违的时刻、每一个愤懑压抑的时刻，都当作生活对自己的"雕刻"。

多年来，历杰老师的人生故事一直是我心理课上的教学范例。这样的人生故事虽不可复制，但太值得学习！我们每个人都能透过他的成长故事，看见自己。

我相信，历杰老师厚积薄发写就的新作《心理能量》便是他自己生命中关乎"道"与"雕刻"的智慧结晶——现在，它被如此真诚地呈现在了读者的面前，实在值得庆贺！

打开它，必不负所望！

以前，我在我的广播节目中经常说："我们每个人最难翻越的山，名叫——自己！"愿这本书能陪伴你找到翻山越岭的勇气！

中德家庭治疗学派知名心理专家、心理畅销书作家　青音

于 2024 年初秋的北京

目录 | Contents

第一章

你不是懒，而是能量水平低

心理能量有别于单纯的"精力"或"能量"的概念。我们可以将其看作一个系统，它是涵盖身体、情绪、思维和意志 4 个方面状态的综合体现，但是背后支撑这些的基础却是内生能量和外生能量。在这一章，我们首先通过心理能量自测量表评估自己的心理能量状态，从而判断自己是否需要补充心理能量。如果心理能量匮乏，它是如何被"偷"走的呢？我们又该如何管理心理能量呢？接着，我将为大家介绍心理能量管理的四大黄金法则，以及节省心理能量的方法。

思考：你是否掉入低能量陷阱

在生活中，你是否有以下体验：

早上起不来，白天打瞌睡，晚上睡不着，身体总是疲惫不堪？

工作、学习时，效率低下，拼命努力，思维却停滞，力不从心？

在面对生活中的重要抉择时，感觉自己似乎被压力吞没，纠结、焦虑、停滞不前？

身体状态不佳，容易疲劳，抵抗力差，时常伴有慢性疼痛？

熬夜、不停玩手机，越是想放松，越是情绪低落，干什么都提不起精神？

…………

糟糕的状态让你深深地自责，你觉得自己怎么这么懒散，制订好的计划不断拖延执行，然后又进一步陷入内耗的恶性循环。其实，你不是懒，你只是掉入了低能量陷阱，需要开始注意自己的心理能量管理。

什么是心理能量

心理能量，又称心能量，是让我们感知自己需求和主动性的那股力量。可以说，它是推动我们行动的动力源泉，包括冲动、勇气、意志力，还有各种情绪和感觉。在心理学诞生之前，人们就相信自己体内有一种生命力。拥有充沛的生命力，我们就会充满活力；如果生命力匮乏，就会感到疲惫不振。

心理能量有别于单纯的"精力"或"能量"的概念。我们可以将其看作一个系统，它是涵盖身体、情绪、思维和意志 4 个方面状态的综合体现，但是背后支撑这些的基础却是内生能量（在适当的心理状态下自发产生的心理能量，包括身体能量和内在能量）和外生能量（由外部激发、支撑、供给的心理能量，包括关系能量和环境能量）。可以说，心理能量就像一个能量蓄水池，我们看到的是能量水位，它有点像冰山露出水面的部分，但决定水位高低的是进水系统和排水系统，以及整个蓄水池与周围环境形成的生态系统（对应水面下冰山的庞大部分）。

本书中谈到的提升心理能量的目标是，通过优化整个系统，尤其是确保能量的收支平衡和及时补充，改善我们在身体、情绪、思维和意志方面的状态，从而保证心理健康和优化综合表现。

心理能量自测量表

我们可以用如表 1-1 所示的心理能量自测量表来测量一下自己

的心理能量状态，看看是不是要给自己补充心理能量了。

表1-1　心理能量自测量表

下面总共有42道题，请根据自己的情况耐心且如实地做出评估和选择。

1. 身体能量

（1）睡眠质量

• 你的平均睡眠时长是多少？

1分：少于4小时，睡眠严重不足。

2分：少于6小时，经常犯困。

3分：6～7小时，睡眠质量一般。

4分：能保证7小时以上连续睡眠。

5分：7～9小时，拥有高质量睡眠。

• 你早上醒来时是否感觉心理能量充沛？

1分：从不。

2分：很少。

3分：有时。

4分：经常。

5分：总是。

• 你是否经常醒来并难以重新入睡？

1分：总是。

2分：经常。

3分：有时。

4分：很少。

5分：从不。

• 你的睡眠规律性如何？

1分：完全不规律，每天入睡和醒来的时间都不同。

2分：不太规律，但有一些相对固定的时间。

3分：有时不规律，有时固定。

4分：相对规律，大多数时候入睡和醒来的时间相同。

5分：非常规律，并且早睡早起。

• 你是否在入睡前采用一些放松技巧（如采用听轻音乐或深呼吸等）帮助入睡并提升睡眠质量？

1分：几乎不。

2分：很少。

3分：有时。

4分：经常，提升睡眠效果明显。

5分：已形成习惯，入睡很快，睡眠质量高。

（2）饮食习惯

• 你每天摄入的蔬菜和水果的多样化程度如何？

1分：多样化程度非常低。

2分：多样化程度较低。

3分：比较多样化。

4分：非常多样化。

5分：极其多样化，并注意均衡搭配。

- 你更倾向于如何配置碳水化合物？

1分：只有简单碳水化合物。

2分：多数是简单碳水化合物。

3分：复合和简单碳水化合物相对均衡。

4分：多数是复合碳水化合物。

5分：只有复合碳水化合物。

- 你是否将吃快餐或外卖食品作为主要的饮食方式？

1分：总是。

2分：经常。

3分：有时。

4分：很少。

5分：从不。

- 你是否足量饮水，保持身体水分充足？

1分：从不。

2分：很少如此。

3分：有时如此。

4分：经常如此。

5分：每天如此。

- 你是否食用加工食品或含较多添加剂的食物？

1分：总是。

2分：经常。

3分：有时。

4分：很少。

5分：从不。

（3）运动状况

• 你每周参与有氧运动的情况是怎样的？

1分：从不参加。

2分：1次以下，少于30分钟。

3分：1~2次，每次能持续30分钟。

4分：3~4次，每次不少于30分钟。

5分：5次及以上，总时长在2小时以上，并且有规律、有节奏。

• 你是否感到身体疲劳或缺乏运动的动力？

1分：总是。

2分：经常。

3分：有时。

4分：很少。

5分：从不。

• 你是否定期进行力量训练或体能锻炼？

1分：从不进行。

2分：很少进行。

3分：有时进行。

4分：经常进行。

5分：每周都进行。

● 你是否定期进行身体柔韧性训练？

1分：从不进行。

2分：很少进行。

3分：有时进行。

4分：经常进行。

5分：每周都进行。

● 你是否在运动后感到身体轻松和心情愉悦？

1分：从未感到。

2分：很少感到。

3分：有时感到。

4分：经常感到。

5分：每次都感到。

2. 情绪能量

（1）情绪识别

● 你是否能够准确识别自己当前的情绪？

1分：从未准确识别。

2分：很少准确识别。

3分：有时识别困难。

4分：大部分时间能准确识别。

5分：总是能准确识别。

• 你是否感到焦虑、沮丧或愤怒？

1分：总是。

2分：经常。

3分：有时。

4分：很少。

5分：从不。

• 你的共情能力（识别与理解他人情绪的能力）如何？

1分：很差。

2分：较差。

3分：一般。

4分：较好。

5分：非常好。

（2）情绪表达

• 你能否有效地表达自己的情绪？

1分：从来都不能。

2分：很少能。

3分：偶尔难以表达。

4分：大部分时间能有效表达。

5分：总是能有效表达。

• 你是否定期进行情绪宣泄，如写日记或与他人分享？

1分：几乎不。

2分：很少。

3分：有时。

4分：经常。

5分：总是。

• 你是否主动寻求信赖之人的情绪支持或进行专业心理咨询？

1分：几乎不。

2分：很少。

3分：有时。

4分：经常。

5分：总是。

（3）情绪调节

• 你是否经常采取一些有效的方法（如定期锻炼和做深呼吸练习等）来调节自己的情绪？

1分：几乎没有。

2分：很少。

3分：有一些方法，但需要更多的选择。

4分：有多种健康、积极的方法。

5分：方法多样且很有效。

• 你能否在面对他人的负面情绪时保持冷静？

1分：几乎不能。

2分：很少能。

3分：有时能。

4分：经常能。

5分：总是能。

• 你在情绪低落时是否有意识地寻找积极的情感体验，如观看喜剧或参与有趣的活动？

1分：几乎不。

2分：很少。

3分：有时。

4分：经常，情绪低落的时间持续很短。

5分：形成仪式化习惯，情绪恢复得很快。

3. 思维能量

（1）注意力集中

• 你能否长时间保持对任务的注意力？

1分：从来都不能。

2分：很少能。

3分：有时难以保持。

4分：大部分时间能够保持。

5分：总是能够保持。

- 你是否发现自己分心或难以集中注意力？

1分：总是。

2分：经常。

3分：有时。

4分：较少。

5分：从不。

- 你是否定期放松大脑，如听轻音乐或休息？

1分：几乎不。

2分：很少。

3分：有时。

4分：经常。

5分：总是。

（2）积极思维

- 你能否在面对挑战时保持积极的心态？

1分：从不。

2分：很少。

3分：有时感到受挫。

4分：大部分时间能够积极面对挑战。

5分：总是能够以积极的心态面对挑战。

- 你是否感到消极或沮丧？

1分：总是。

2分：经常。

3分：有时。

4分：较少。

5分：从不。

• 你是否敢于试错？

1分：从不。

2分：很少。

3分：有时。

4分：经常。

5分：总是。

（3）解决问题的能力

• 你能否迅速而有效地解决面临的问题？

1分：从不。

2分：很少。

3分：有时需要更多的时间和资源。

4分：能够较快地解决问题，但有时需要寻求帮助。

5分：总是能够迅速、有效地解决问题。

• 你是否有心流（全神贯注、高度投入某项活动的心理状态）体验？

1分：从不。

2分：很少。

3分：有时。

4分：经常。

5分：总是。

• 你能否在解决问题时灵活运用不同的思维方式？

1分：从不。

2分：很少。

3分：有时。

4分：经常。

5分：总是。

4.意志能量

（1）目标设定

• 你是否设定了明确的短期目标和长期目标？

1分：从不。

2分：很少。

3分：有一些目标，但需要使其更具体。

4分：有明确的目标，但可能缺乏计划。

5分：明确设定了短期目标和长期目标，并有有效计划。

• 你是否感到自己无法坚持追求目标？

1分：总是。

2分：经常。

3分：有时会放弃目标，但能够重新振作。

4分：较少放弃目标，但需要更坚定的意志。

5分：很少放弃目标，总是能坚持追求。

• 你能否设定具体、可量化的目标？

1分：从不。

2分：很少。

3分：有一些目标，但需要使其更具体。

4分：大多数目标是具体的、可量化的。

5分：所有目标都是具体的、可量化的。

（2）决断力

• 你能否迅速做出决定？

1分：从不。

2分：很少。

3分：有时犹豫，但最终能够做出决定。

4分：较少犹豫，能够迅速做出决定。

5分：总是能够快速且明智地做出决定。

• 你能否保持决定的稳定性？

1分：总是更改决定。

2分：经常更改决定。

3分：有时会更改决定，但能够适应。

4分：较少更改决定，但可能受影响。

5分：总是能够保持决定的稳定性。

●你是否容易受他人设定的目标的影响？

1分：非常容易。

2分：容易。

3分：一般。

4分：不太容易。

5分：很难。

（3）执行力

●你是否会为了实现目标主动寻求帮助或合作？

1分：从不。

2分：很少。

3分：有时。

4分：经常。

5分：总是。

●你是否会为了实现长期目标而进行短期的自我牺牲？

1分：从不。

2分：很少。

3分：有时。

4分：经常。

5分：总是。

●你能否适应环境变化并调整自己的目标？

1分：从不。

2 分：很少。

3 分：有时。

4 分：经常。

5 分：总是。

说明：通过上述自测量表，你可以从身体、情绪、思维和意志 4 个方面全面评估自己的心理能量水平，得分更高的部分反映了你在该方面有更高的心理能量水平。

关于心理能量水平的分析和建议

1. 严重不足，需高度重视（63 分及以下）

特征：心理能量严重不足，需要重点关注和改进。

建议：寻求专业医疗建议；考虑调整生活方式，包括睡眠、饮食和运动习惯，以及工作节奏。

2. 有待提升（64～105 分）

特征：心理能量存在一定程度的不足，需要适度提升。

建议：调整生活习惯，确保足够的睡眠；注意饮食平衡，增加蔬菜和水果的摄入量；适度增加运动量，提高身体活力；学会情绪管理，寻找有效的宣泄方式。

3. 总体稳定（106～167 分）

特征：心理能量相对充沛，但仍有提升的空间。

建议：保持健康的生活习惯，包括良好的睡眠和饮食习惯；

注重情绪管理，培养积极的思维方式；设定明确的目标，追求个人发展；定期进行自我评估，调整和优化心理能量管理策略。

4. 相当不错（168 ~ 210 分）

特征：心理能量充沛。

建议：保持健康的生活习惯，加强身体锻炼；持续追求个人和职业目标，保持学习和进步；关注良好的人际关系，保持社交活跃；定期进行自我评估，持续优化心理能量管理策略。

如果你的心理能量水平不是很理想，不用担心，这也是本书要帮你系统解决的问题。不过在解决问题之前，我们首先需要明白心理能量运行的系统方法，理解心理能量"储蓄"和"消耗"的关键点，这有利于我们明确心理能量是如何被"偷"走的，又是如何被补充的。

因素：心理能量是如何被"偷"走的

心理能量的损耗可能并非仅仅源于重大的创伤或压力事件，心理能量也会在一些你根本没注意到的小事上逐渐损耗，不知不觉地被"偷"走。让我们根据几个真实案例来看看心理能量是如何损耗的，又是如何让我们的生活和工作亮起红灯的。

让人无处遁逃的压力

第一个案例的主人公是职场妈妈萱萱，她的情况非常典型，体现了部分职场女性的困境。

从表面看，萱萱过着让人羡慕的生活：婚姻稳定，两个儿子乖巧懂事，事业也处于稳步上升期。然而，她不但没有感受到轻松与快乐，反而承受着巨大的压力。

她非常担心自己让老板失望，因为升职速度快，她背负了很多压力与责任，经常加班，有时回家太晚孩子们都睡了。她最近明显感觉到自己心慌气短，脾气越来越暴躁，有时候甚至担心自己会猝死。她曾找老板调整工作，老板建议她将任务委派给下属，自己抓重点。然而，她感觉下属责任心不强，她需要反复检查相关工作内容，这反而增加了她的工作负担。面对工作，她无法感受到快乐，有时甚至想辞职以摆脱这种状态。

因为萱萱对工作的完美主义倾向，加班成了她的常态，她忙得甚至不能好好地享用一顿饭。早上送完孩子后，她来不及吃早餐就匆匆赶到公司，开启一天紧张的工作，饿了就吃几块巧克力充饥，中午也是随便吃点零食对付，到了下午她经常感觉体力不支。

在家庭方面，萱萱的丈夫老实木讷，她对丈夫的期望很高，既希望丈夫能带好孩子、稳定"后方"，又希望丈夫在事业上有进取心，跳槽去更有发展前景的公司。这些矛盾的要求让萱萱的丈夫感到厌烦，他和萱萱的沟通也越来越少。

她渴望丈夫体谅与宽慰她，却经常感觉自己与丈夫交流时是在对着一根木头说话。她想过离婚，但丈夫坚决不同意，家人和朋友也认为她要求太高。日渐疏远的夫妻关系让她的压力更大。

萱萱的两个儿子都很聪颖，她希望能好好培养他们。但她工作太忙，腾不出太多的时间管孩子，而丈夫又不能敏锐地捕捉孩子的变化，萱萱觉得这在一定程度上影响了孩子的发展，为此她和丈夫没少吵架。

萱萱感觉自己就像在走钢丝，没完没了的压力让她无处遁逃。

在身体方面，她很容易胸闷、头痛，也很容易疲倦。工作时，她往往靠着咖啡强撑，但是到了下午和晚上，就很容易心动过速，有强烈的厌倦感。

在情绪方面，她很容易感到焦虑和烦躁。尤其是在家里，她很容易因为一点小事发火。她的丈夫对此感到不知所措，也越来越害怕与她沟通，这也加剧了她的沮丧情绪和挫败感。

在专注力方面，她感觉自己的热情与注意力逐渐被掏空，自己完全是被迫工作。尤其是到了下午，她头脑昏沉，工作效率越来越低。她越是强打起精神，能量消耗就越大，而她的焦虑与抑郁倾向越来越明显，这些状况让她身心俱疲，担心自己过劳猝死。

过度、失控的恐惧

第二个案例的主人公是一对中年夫妻。

晓露和丈夫郑文都是成功的律师。晓露是一名高级律师，虽然工作繁忙，经常加班，但她有自己的团队，案源稳定，收入不错，对未来充满信心。郑文则是律所的高级合伙人，积极寻找案源，业务发展迅速。他为应酬特别租了一块场地用作业务招待，但事业成就因客观原因未达到预期效果，导致收益不如预期。为弥补损失，郑文不得不投入更多的时间和精力，常常工作到深夜。

此时，晓露发现自己无法忍受这种情况。首先，她向来不赞成冒进的策略；其次，由于郑文晚上经常加班，她的作息受到了严重的干扰，在郑文回来之前，她没有办法安心睡觉。

晚上等待丈夫回家时，晓露的内心完全被恐惧占据，脑海中会上演各种剧目：她想象丈夫的身体出现了严重的问题，或者丈夫因被人陷害而遭受重大的经济损失，或者其他女人乘虚而入……

晓露的恐惧也蔓延到了工作中，她很害怕自己出问题而导致关键客户流失。结果她越担心，越容易出错，被领导严厉地批评了几次后，她甚至担心自己会被辞退，加班的情况越来越多。

夫妻双方都希望在事业上有所突破，但家庭生活开始状况频出。大女儿出现了学习问题，表现得叛逆、易怒，越来越不愿意和父母交流。晓露期待郑文能够分担一些育儿的责任，但是郑文觉得这是妈妈应尽的责任，两人为此又吵了起来。

可以说，过度的工作压力、家庭与工作的失衡，再加上晓露的恐惧心理和郑文过高的目标，让整个家庭都处于紧绷的状态，亲密关系也岌岌可危，家庭不仅没能成为补充能量的休息场所，反而成了新的战场……

拖延和逃避的恶性循环

第三个案例的主人公是一对年轻的学霸夫妻。杨明与徐青结婚不久，还没有孩子。杨明在不到 30 岁时便成了某科研所的重点项目负责人；徐青在一家大型跨国公司做管理工作，同样也是事业有成。

杨明是典型的理工科"直男"，一心做科研，不善于处理事务性工作和与人沟通。然而，成为项目负责人后，他负责的琐事越来越多，如课题评估会、申请表格填报、项目支出审核，还要协调其他部门配合的事情，这让他感到压力重重，他开始拖延处理这些事务。

随着时间的推移，杨明感到越来越力不从心，烦躁和焦虑越发加重，这导致他更频繁地逃避，陷入了一种恶性循环。

这种拖延和逃避不仅影响了他的工作，也波及家庭生活。徐青感到杨明对她的关心日渐减少，很难与他建立情感联系，杨明总是选择回避直接沟通。徐青对这种关系感到失望，最终提出"再不改变，就离婚"的解决方案。这一举动让杨明突然意识到自己的问题——他不得不直面自己的拖延和逃避。

现在，解决拖延和逃避的恶性循环，以及与徐青的沟通问题，成了杨明面临的一项艰巨任务。他发现自己不仅难以理解他人的真实需求，还无法有效地共情和面对冲突。如何打破这个恶性循环，成为一个目标明确、勇敢坚定的高效能人士，成了他需要努力探索的方向。

我们从以上 3 个案例可以看出，过大的压力、过度恐惧，以及拖延和逃避是"偷"走主人公能量的主要原因，并且他们也表现出了以下共性。

（1）在身体能量方面，他们基本上都无法做到好好吃饭、有效休息和规律运动。由于没有足够的营养支持和高质量的休息支撑，面对高强度的工作，他们基本上都是勉力强撑，明显感觉体力不足。

（2）在情绪能量方面，他们感觉情绪方面的压力很难得到缓解，缺少和谐的人际关系，也缺乏情绪调节的有效手段，感觉负面情绪累积得越来越多，很容易被焦虑、抑郁等情绪左右。

（3）在思维能量方面，他们基本上都感觉专注力急剧下降，杂事太多。他们很容易分心，看似忙碌，其实效率并不高，尤其是在面对需要深度思考的有挑战性的任务时。另外，他们很少在工作中体验心流，觉得思维的弹性和敏捷性都在下降。

（4）在意志能量方面，他们感觉制定目标越来越难，经常被眼下紧迫的事情困住，腾不出时间去系统考虑有关长期目标的问题。此外，他们对于目标达成的决心和执行力都在下降，感觉自己在强撑，并且越来越勉为其难。

最终，他们糟糕的生活习惯导致其心理能量不知不觉都被"偷"走了。他们感觉越来越难以找到投身事业的激情，内驱力越来越弱。他们看待很多事情都觉得没有意义，自己只是硬着头皮在做，他们的职业倦怠感越来越强，生命活力在慢慢流失。越是处于这样身心俱疲的状态，他们面对外界的压力时越没有力量应对，在内外的双重消耗中苦不堪言。

面对案例中的情况，我是不是可以直接建议他们减轻压力，不要恐惧，不要拖延和逃避呢？这么建议的话，有的人很可能会无奈地告诉我："陈老师，我也想解决这些问题，可是心有余而力不足。当我意识到应该怎么做却又做不到的时候，我内心的痛苦会进一步加剧，从而形成更严重的内耗。"

对，这就是心理能量的负向循环。我们能看到的是外在的原因，但其实是由内而外的系统的原因导致了他们能量的不断流失。这就像蓄水池的排水口一直没堵上，在不停地排水，即使我们拼命地把进水口的水龙头拧到最大，也仍然无济于事。

如何打破这种负向循环，建立系统的心理能量补给体系，也是本书要解决的问题。

原则：心理能量管理的四大黄金法则

这几年，"内卷"①这个词特别火，尤其是在年轻人之间广为流传。所谓"内卷"，就是过度的内部竞争。它往往表现为竞争者想付出更多的努力，以争夺有限的资源，从而导致个体的收益努力比下降。"内卷"会使整个社会的竞争加剧、压力增大，进而形成一种恶性循环。

在微博上，与"内卷"有关的各类话题的浏览量已经突破10亿次。2020年，"内卷"成为《咬文嚼字》编辑部评选出的年度十大流行语之一。牛津大学社会人类学教授项飙认为，"内卷"在中国的语义与竞争白热化高度联系。年轻人不断感受到竞争的压力，如果不努力、不竞争，就会落后、被淘汰、出局……但他们一直在同一个水平上，像一个陀螺被抽打，却没有突破。他们最直观的感觉就是很累，他们觉得自己重复性的投入没有形成突破，看不到意义。

---

① 网络流行语，原指一类文化模式达到某种最终的形态后，既没有办法稳定下来，也没有办法转变为新的形态，而只能不断地在内部变得更加复杂的现象。

对于能量管理，很多人也陷入了"内卷"的怪圈。看着在朋友圈晒自己运动或者高效工作成绩单的朋友，很多人不自觉地陷入自责与内耗情绪，强迫自己马上振作起来，树立远大目标，变得"更高，更快，更强"，却很容易坚持没两天就又放弃了，因为他们本来就心力不足，又被"内卷"消耗，结果就心力交瘁，只想"躺平"[①]了。

其实，他们需要的不是"内卷"，而是给自己"充电"，具体来说，就是要掌握心理能量管理的四大黄金法则。

第一大黄金法则：与其管理时间，不如管理能量

时间管理是一个伪命题，因为你如果没有足够好的能量状态，往往就会做得越多，错得越多，你的效率并不会真正提高。

想象一下，早上，你精心规划了一天的工作安排，将各项工作对应的时间精确到分钟，希望能度过高效的一天。但是，你一到公司就被拉去解决一个突发问题。好不容易解决完问题，你发现计划已经被打乱了。为了不影响下午的节奏，你只好紧赶慢赶地做上午的工作。结果中午你就有点撑不住了，负面情绪不断积累，身体困顿疲惫，耐心丧失，焦躁易怒。

下午，你参加了一场长达 3 小时的会议，信息量非常大。会议

---

① 网络流行词，是指无论对方做出什么反应，你的内心都毫无波澜，对此不会有任何反应或反抗。

刚开始你还能保持专注，到后面你由于心理能量急剧下降，连集中注意力都变得极其困难。

晚上，你专门为陪伴孩子腾出时间，却仍旧被工作烦扰。孩子也对你的心不在焉有所察觉，好像故意和你作对一样老是惹你生气，而辅导作业更是让你火冒三丈；本来约好和伴侣在睡觉之前谈谈心，但是你发现自己心力交瘁，完全没有了谈心的欲望……

就这样，你看似工作时间很长，也很努力，但是效果却不尽如人意，因为心理能量跟不上，你只是在徒耗时间而已。为什么会这样？很简单，因为对每个人来说，时间是公平的，但能量不是。

每个人每天都有 24 小时，但不是每个人都能在 1 小时内写出一个营销方案，甚至对同一个人来说，今天能用 1 小时写完的方案，明天可能用 3 小时都写不完。

当你把工作安排得井然有序时，你也把自己限制在了一个很漂亮的框里。为了不打破这种井然有序的感觉，你会不停地追求完善这个框。你把时间点标注得越细，框就越漂亮，但限制也就越多，容错率也越低。一个时间点错过了就会引发连锁反应。

更重要的是，不断地错过时间点会让你的自我效能感下降。即便你知道这是由时间安排过于紧凑导致的，挫败感也仍然存在。这会损耗你的心理能量，进一步降低你的效率，进而影响到后续任务的完成。

那么，应该怎么办呢？答案就是，与其管理时间，不如管理能量。

第一，要认识到自己的能量高峰期，科学安排工作。早上通常是大多数人精力最充沛的时段，此时可以集中处理最重要、最具挑战性的任务。相反，在能量低谷时，可以安排一些简单、重复的工作，比如回复邮件和整理文件，以降低心理能量的消耗。

第二，要学会定期休息，让身心得到有效恢复。短暂的休息不仅可以放松大脑，还能提高后续工作的效率。大家可以尝试"番茄工作法"，每工作 25 分钟就休息 5 分钟，这样可以保持精力持久，避免身体疲惫和心情焦虑。

第三，注重自我调节和情绪管理。学习一些放松技巧，如深呼吸、听轻音乐或轻度运动，以释放压力并提升心理能量。当感到身体疲惫时，不要强迫自己突击工作，而是给予自己必要的休息，找时间进行适度的体育锻炼或户外活动，以恢复充沛的精力。

第四，建立良好的社交支持网络，与家人、朋友及时沟通，分享生活中的压力和困扰，能够有效提升心理能量。这样做不仅能增进感情，还能获得情感上的支持和理解，从而在工作和家庭生活中找到更好的平衡。

总之，学会管理能量，让自己在有限的时间内大大提高效率，最终才会实现高效工作的目标，走出拖延和逃避的恶性循环。

第二大黄金法则：精力状态是基础，正向思维是关键

为了让大家更好地理解心理能量使用的情况，我向大家介绍一下心理能量状态四象限。这是我们理解心理能量管理的一个基本模型，我在后面的内容中也会多次用到这个模型，希望大家能够掌握它。

总体来说，心理能量贯穿生活的各个方面，其中的精力状态是基础，出现起伏是正常的，我们不可能一直处于高度专注和紧张的状态。在精力状态不佳时，我们应当保持积极的思维方式和情绪，学会觉察与接纳，这很关键。日本著名实业家稻盛和夫曾提出他的人生成功方程式：

$$\underset{-100 \sim +100}{\text{人生·工作的结果}} = \underset{-100 \sim +100}{\text{思维方式}} \times \underset{0 \sim 100}{\text{热情}} \times \underset{0 \sim 100}{\text{能力}}$$

他特别强调，思维方式是有正负之分的，即其数值涵盖从 –100 到 100 的范围。如果思维方式是负向的，有时能力越强，热情投入得越多，破坏力就越大。

所以，方向比速度更重要，找到方向很关键。图 1-1 是心理能量状态四象限，体现了精力由匮乏到充沛、思维方式从负向到正向的变化过程。

正向

第二象限：平静放松
放松、平和、冷静、
淡定、安宁、成熟

第一象限：全情投入
精力充沛、自信满满、
乐于挑战、激情四射、
专注忘我、快乐分享

精力

匮乏　　　　　　　　　　　　　　　　　　　　充沛

第三象限：焦虑易怒
愤怒、担忧、焦虑、
戒备、怨恨、急躁

第四象限：抑郁、疲惫
抑郁、疲惫、无精打采、
心灰意冷

负向

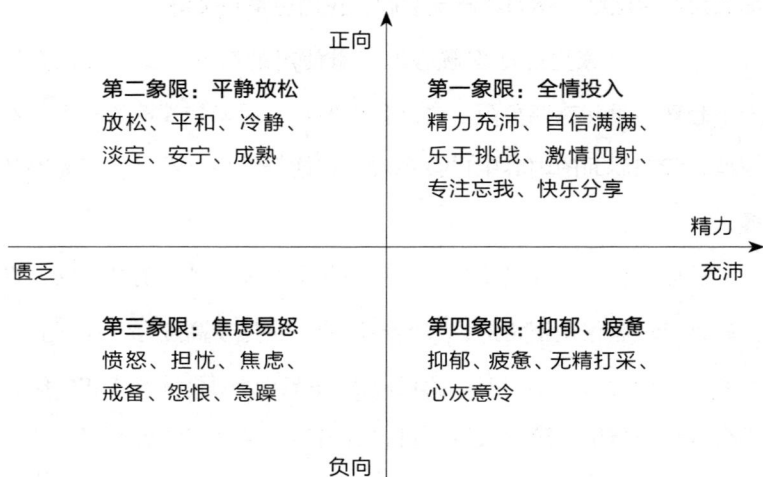

图 1-1　心理能量状态四象限

　　由图 1-1 可以看出，精力越匮乏、思维方式越消极，表现就越糟糕；反之，精力越充沛、思维方式越积极，表现就越好。

　　面对重大且关键的挑战，我们肯定希望自己是信心满满、全情投入的，这就是图 1-1 中所示的充沛 – 正向的情形，但是这种状态对于心理能量的强度与集中度要求很高，我们不太可能一直处于这种状态。我们也需要处于一种平静放松的氛围，即匮乏 – 正向的情形，这样能及时补充心理能量，使我们张弛有度。在心理能量管理中，我们肯定期待尽量避免负向的思维方式与情绪，不管是焦虑易怒，还是抑郁疲惫，都会让我们陷入心理能量管理的困境。

　　当然，我并不是要大家完全屏蔽负向的思维方式与情绪，这并不现实，从长远看也没有好处，大家要学会的是如何应对负向的思维方式与情绪，从而避免陷入不断内耗的恶性循环。一旦觉察到自己的心理能量不够，负面情绪开始出现，我们就要积极转念，这是我在后面的内容中会带领大家重点突破的难题。

第三大黄金法则：仪式化习惯的力量要远远大过自律

你可能听说过史蒂夫·乔布斯（Steve Jobs）的极简原则，为了确保自己在重大决策时保持专注，他所有的衣服都是批量定制的，家里的陈设也十分简单，其目标只有一个——把有限的心理能量用到最重要的事情上。他之所以能够坚持下来，就在于他养成了极简生活的习惯。

改变是艰难和痛苦的。我们易受习惯支配，大多数行为都是非自觉和出于潜意识的。改变的难点在于，有意做出的改变常常无法持续下去。我们的意愿和自律水平远比我们想象得低。如果你每次做某件事之前都要思虑再三，那么你很可能无法长久坚持去做这件事。所以，养成仪式化习惯，才是长期坚持的核心秘密。

仪式化习惯是指定义明确、具有高度计划性的行为。毅力和自律将人们推向某种特定的行为方式，而仪式化习惯会自动把人们拉上某条轨道。比如刷牙，你并不需要每天提醒自己去做，它已经变成因健康观念而自发产生的行为。人们在刷牙时通常会切换到自动模式，无须刻意努力。

仪式化习惯的优势在于，确保我们在非必要的情况下尽量减少意志方面的心理能量的消耗，从而将其节省下来用在其他更需要它的方面。我会在后文系统梳理什么样的仪式化习惯能够有效节约心理能量，以及如何养成这样的习惯。

第四大黄金法则：心理能量充沛不是天生的，需要不断训练

我们总以为那些心理能量特别充沛的人要么是身体素质好，天生体能超好，要么是意志力超强，能够咬牙坚持做一件事，常人根本无法企及。殊不知，体能也好，意志力也罢，就像我们的肌肉一样，是需要不断训练的。

以我为例，其实我上中学之前的体能很差，第一次参加长跑测试，我得了全班倒数第一，并且那种气喘吁吁、感觉要休克的恐慌让我至今难以忘怀。于是，我决定突破自己，开始发挥爱较真和"霸得蛮"[①]的精神，认真研究如何提高长跑成绩。

我很快总结出，要想提高长跑成绩，关键是提升基础体能，并要学会调整呼吸。

于是，我开始了从晨跑到跳绳等一系列提升基础体能的锻炼，从最开始跑几百米就气喘吁吁，到后面坚持跑完 5000 米还能保持呼吸顺畅，然后我又刻意练习了变速跑等。通过两个多月的训练，

———————————————

① 湖南方言，形容人个性霸气十足，有一股不服输的拼劲。

在期末的长跑测试中，我冲进了全班前三名。这给了我极大的信心，后面我不仅参加了校运动会中的长跑比赛，还将长跑和耐力训练成我的强项。

这个过程其实和村上春树在《当我谈跑步时，我谈些什么》中的描述非常类似。他说自己从一个跑步"菜鸟"到成为马拉松业余选手中的"牛人"，其实依靠的就是精细化的习惯管理和刻意练习。他一点点激发自己的潜能，在尊重科学和自身特点的基础上，不断突破自己的体能极限。并且在这个过程中，他对情绪的控制力与感知力、思维的专注力与穿透力、意志的持久力和复原力都得到了质的提升，这让他的心理能量水平能够支撑他长期艰苦卓绝地创作长篇小说。他不仅身心状态远远超越同龄人，并且连续几十年每隔几年就能创作一部高质量的长篇小说，也算是小说界的传奇了。

这些事例都说明心理能量充沛并不是天生的，而是需要不断训练的。我们可以逐步突破习以为常的极限，进行科学和系统的训练，养成积极的心理能量管理的仪式化习惯，并通过高度细化的心理能量管理日程实现对心理能量的精细化管理。

此外，要想守护好心理能量，一定要注意心理能量的收支平衡，所以要想真正使心理能量生生不息，我们就要从身体、内在、关系和环境4个方面全面发力，夯实心理能量基本盘。

（1）在身体方面，需要平衡身心，保持充沛的心理能量。

（2）在内在方面，需要改变内在模式，找到内驱力和力量感。

（3）在关系方面，需要善于构建良好的人际关系，从外部获取关键资源的支持。

（4）在环境方面，需要积极主动，在糟糕的环境中打造能让自己获取幸福的生态系统。

准备好了吗？让我们一起开启心理能量提升之旅吧！

节能：借助习惯的力量，开启自动化节能模式

在前文中，我曾提及仪式化习惯的重要性，它能够帮助我们节约能量。不管是乔布斯、比尔·盖茨（Bill Gates）等杰出人物所坚持的极简原则，还是减少在各种决策上的能量投入，以及依靠仪式化习惯带来确定感和效能感，其背后的原理都是尽可能地减少心理能量的损耗。在心理能量有限的前提下，我们应当学会合理地管理和利用心理能量，把有限的心理能量用在更加重要的事情上，以获得更高的效率和生活质量。

仪式化习惯的节能机制

具体来讲，仪式化习惯能够从以下几个方面节约能量。

1. 意志力

人们在执行任务时需要使用意志力。然而，这种心理资源是有限的，过度使用后会逐渐耗竭。把一些行为仪式化，将仪式化的行为转化为自动化的习惯，可以使人减少对意志力的依赖，从而节约心理能量。习惯形成后，人们执行特定的任务会更为轻松，因为不

再需要使用大量的心理资源。

在关于意志力的研究成果的著作《意志力：关于自控、专注和效率的心理学》中，罗伊·鲍迈斯特（Roy Baumeister）教授等人介绍了意志力的概念，强调了自我控制和决策对于这种心理资源的消耗。他们通过一系列实验和研究，提出意志力是一种有限资源，类似于肌肉需要通过休息恢复的概念。一旦意志力用尽，就可能导致自我控制能力下降，即意志力耗竭。所以，养成仪式化习惯是保护有限的意志力的高效方式。

2. 心理安慰和安全感

仪式化习惯往往伴随着安全感，执行特定的仪式可以给人一种稳定感和掌控感，这有助于减轻焦虑和压力。这种心理安慰能够减少紧张感和能量消耗。小说家村上春树说他几十年如一日地坚持高质量创作小说的原动力就是良好的生活习惯，尤其是每天长跑的运动习惯让他的心理能量状态非常稳定，所以他能坚持高强度地创作。

3. 神经元连接的强化

习惯形成时，大脑中的神经连接得到强化。这种强化使得人们执行特定任务时的脑部活动变得更加高效，从而减少了执行任务时的心理能量消耗。这也解释了为什么习惯很难改变，因为大脑已经在神经层面适应了特定的行为模式。诺贝尔经济学奖得主丹尼尔·卡尼曼（Daniel Kahneman）深入探索了人类的大脑反应模式与行为的关系，特别是自动反应的系统 1 和需要思考后反应的系统 2[1]，在后续章节中，我将详细介绍相关知识。

4. 决策疲劳的减轻

我们每天都要做出大量决策，而决策本身会消耗心理能量。仪式化习惯可以将某些决策变得自动化，这减轻了决策负担，从而减轻了决策疲劳。乔布斯等人都用自己的实践说明了这一点。

从心理学角度分析，仪式化习惯在总体上通过减轻认知负担、提供心理安慰和安全感以及强化神经元连接等方式，优化了心理能量的利用方式。这恰当地解释了为什么仪式化习惯能够在心理层面产生积极的影响。

仪式化习惯的养成

众所周知，运动最难的就是动起来和坚持下来，但它确实是提高体能水平的不二法门。我也买过很多健身装备，还为此打探清楚了家附近的小公园和健身房，但我也经历过三天打鱼，两天晒网

---

[1] 系统 1 是我们大脑中自动运行的部分，它处理日常生活中大多数的简单决策和感知任务。系统 1 的特点是快速、几乎无意识，它依赖于经验和习惯进行判断和决策。例如，识别面孔、阅读单词、驾驶熟悉的路线等通常由系统 1 处理。系统 1 往往受到情感的影响，它可以迅速做出反应，但有时也会导致偏见和错误的判断。系统 2 负责更复杂的思维任务，如数学计算、逻辑推理、分析问题等。它需要更多的认知资源，因此当我们进行这类任务时，常常需要集中精力。系统 2 是更为审慎和理性的思考方式，它能够克服系统 1 产生的偏见，并做出更为准确的决策。

的日子。最主要的原因是天气，东京常下雨，一到雨天，我就很容易劝自己：算了吧，今天不适合运动。有时，我也会觉得自己太忙了，忙着工作、学习等。

不过，榜样的力量是无穷的，村上春树在《当我谈跑步时，我谈些什么》一书中讲到的观点使我进行了非常深入的思考，并且工商管理硕士（Master of Business Administration，MBA）的学业压力和创业压力都让我明白，在养成运动习惯方面，我没有退路。最后我下定决心，翻看了不少专业图书，并根据自己的运动特点不断总结，通过一系列科学有效的实践终于养成了运动的仪式化习惯。

下面，我将详细解析养成仪式化习惯的具体步骤。

第一步，先动起来。

很多人在设定运动目标时，会设定瘦 20 斤①、每天慢跑 6 公里等目标，这些目标本身没问题，但是我们很难达成。

我教给你一个小诀窍——2 分钟规则。它是指把看起来很难养成的习惯简化成一件用 2 分钟（当然，2 分钟只是一个概数）就能完成的事，然后从这件事做起。比如，将"睡前阅读半小时"简化成"每晚读一页"，将"做一顿晚餐"简化成"切一个面包"，将"傍晚跑 5 公里"简化为"出门走两圈"……

你别觉得做一件用 2 分钟就能完成的事没用，先动起来才是重要的。我们不需要为大目标的达成看起来遥遥无期而焦虑，而应当

_____

① 1 斤 =500 克。

专注于达成小目标。

比如，我想跑步，我会怎么简化任务呢？

（1）换上运动装和跑鞋。

（2）出门。

（3）下楼。

（4）去公园。

（5）走两圈。

在走的过程中，我再决定跑不跑。即使天气不好，我也会换上运动装和跑鞋下楼，哪怕只是在单元门口简单地慢跑。这样一来，2分钟不断叠加，最终，跑步这个任务在一个个看起来不显眼的小目标的达成中完成了。最终，我用了1个月的时间达到可以每天完成慢跑3公里的目标。

总之，只要你先动起来，就会发现自己是可以完成一些事的。这种观念的转变非常重要。

第二步，制订计划。

我推荐你采用创建执行意图的方式制订计划。执行意图其实是一种仪式感，靠着这种仪式感，你培养出了大脑的"条件反射"，即"当 X 情况出现时，我将执行 Y 任务"。人们只要就何时、何处、具体做什么制订出具体计划，就更有可能贯彻执行。

2001年，英国的研究人员与248个研究参与者合作，打算用2周时间培养其更好的健身习惯。这些研究参与者被分为3组。

第一组是对照组。他们要做的事很简单，就是跟踪记录自己健身活动的频率。

第二组是动力组。他们不仅要跟踪记录自己健身活动的频率，还要阅读一些关于健身有哪些益处的材料。研究人员也会向他们宣讲健身的好处。

第三组在达到第二组对应要求的基础上，还有一项额外任务——为接下来的一周制订计划，写下"下周，我将于 × 日 × 时 × 处进行至少 20 分钟的运动"。

猜一猜，这 3 组人员最后健身的情况大概如何？情况会有明显区别吗？

其实，第一组和第二组的情况区别不大，每周至少健身一次的人分别占 35% 和 38%。可以说，给第二组的"动力"似乎对他们的行为没有产生什么实质性的影响。也就是说，如果只是空谈行为的好处，而没有明确的执行时间表，其实是毫无意义的。这就是一些人知道健身很好，也收藏了非常多的健身视频，但就是迈不开腿的原因。

但是，第三组中有 91% 的人每周至少健身一次。由此可见，简单的制订计划的行为带来的效果非同凡响。他们写的句子被研究人员称为"执行意图"，即事先就何时、何地行动制订的计划。

那么，具体如何创建执行意图呢？

举个例子，我打算跑步，我会明确提醒自己：当天晴时，我要早上去跑步；连续下雨超过两天，雨停时，我要去跑步；吃过午餐与晚餐后，我都要去散步，如果条件允许，我也可以跑一段。这样，我就创造了很多明确的场景来实施我的跑步计划。

为了更好地执行这个计划，我还会把我的意图分享给妻子，因为每一次分享都相当于一次宣告，跑步习惯也在这一过程中真正养成了。看到这里，你可以使用手机中的备忘录或微信收藏中的笔记创建第一个执行意图。

其格式就是：当_____情况出现时，我将_____。

第三步，让自己坚持下去。

即便这样，你也可能会说"我就是做不到"。这时，我就会运用"习惯叠加"。习惯叠加是执行意图的一种特殊形式，其核心是充分利用行为的关联性，即在已有习惯的基础上，把期待养成的新习惯叠加在上面。与其在特定的时间和地点培养新习惯，不如将它与当前的习惯整合。习惯叠加公式是："在当前存在的 ×× 习惯上，我将继续养成 ×× 习惯。"

以跑步为例，每天早上刷牙洗脸后，我会喝一些水和几杯果蔬汁，然后换上运动装和跑鞋，并给朋友或家人发短信，告诉他们我在哪里跑步，需要跑多长时间。其中，刷牙洗脸、喝水和果蔬汁是我已经养成的习惯，但换运动装和跑鞋、发短信是我要养成的与跑步相关的习惯，这样我就把自己想要养成的新习惯和每天已经在做的事情关联起来了。

一旦你掌握了这个基本原理，你就可以通过将各个习惯关联起来完成更为复杂的习惯叠加。人都有追求新奇和创新的本能，通过将新习惯叠加在已有习惯之上，能增强习惯的可持续性。

这就是仪式化习惯的力量，就像起床后刷牙洗脸一样，当行动的时刻到来，你根本不需要再做思考，简单地按照自己预订的计划去做即可。

当然，我们终究还是有犯懒的时候。这时，我并不建议一味地自我控制与自责，这些其实是"惩罚机制"，不利于长久保持好习惯。相反，要将习惯与积极的感受相关联，也就是建立"奖励机制"，形成正向反馈机制。

这就需要运用一个新的技巧——喜好绑定，即把你需要做的事（需要做的低频动作）和你愿意做的事（喜好的高频动作）绑定。喜好绑定是让习惯更具吸引力的一种方式。

比如，一名程序员特别爱看电视节目，但是他平时缺少运动。于是他设计了一个程序，将骑动感单车与观看电视节目绑定起来：他需要骑动感单车并且保持一定的时速才能让电视播放节目。如此一来，他为激励与运动建立了联系，既享受了喜好带来的乐趣，也达到了运动健身的目的。

在日常生活中，经常做这样的绑定很有趣。比如，每天读完 10 页书，就可以打一局游戏；跑 5 公里，可以吃一块巧克力；连续跑步一周，可以吃一顿大餐等。

第四步，开心运动。

如果你问一个健身爱好者是如何坚持运动的，他可能不会觉得自己是在"坚持"，而认为运动是自然而然的事情。我希望你也可以真的爱上运动，开心运动。

西方有一个童话故事叫《金发女孩和三只小熊》。一个迷路的金发女孩未经允许进入了三只小熊的房子，她尝了三个碗里的粥，试了三把椅子，又分别在三张床上躺了一会儿。她发现，不烫不冷的粥最可口，不大不小的椅子坐着最舒服，不高不矮的床躺着最惬意。这就是金发女孩原则（见图1-2）——刚刚好的就是最合适的。这个原则在心理学研究中也经常被提及，尤其是关于动力和任务难度的关系之间的研究。

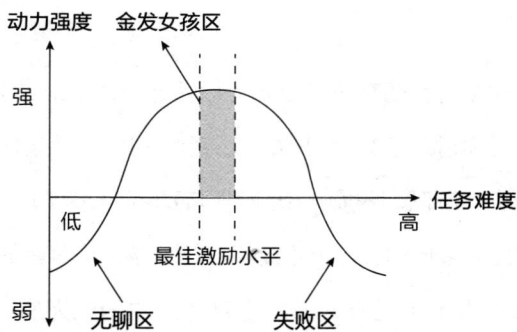

图1-2　金发女孩原则

　　我们从图1-2中可以看出，横轴对应任务难度，纵轴对应动力强度。像金发女孩的发型一样的抛物线表明，随着任务难度的增加，人们完成任务的动力会不断增强，但到了一个峰值后又会逐渐减弱。也就是说，人们在面对一个勉强能应对的任务时动力最充足。在心理学研究中，这被称为耶克斯-多德森定律（Yerkes-Dodson Law），它把最佳激励水平描述为无聊区和失败区的中点。根据这一定律，你应科学地设计自己的习惯养成难度。

当你开始养成新习惯时，保持尽可能简单的动作很重要，这样即使各方面的条件不完善，你也可以坚持下去。但是你不能局限于"2分钟规则"，而应通过添加新的挑战，让自己的动力维持在金发女孩区，这样你就能进入心流体验，并从中体会到乐趣。

比如，你的能力是跑5公里，那么你可以挑战一下跑5.2公里。并且，一旦习惯养成，你还需要不断地"添砖加瓦"，让恰到好处的任务激发自己的兴趣与热情。这些新的任务可以帮助你保持热情和参与度。

养成仪式化习惯的真正好处是可以让你把能量放在完成其他事情上，但一旦你适应了某种习惯，反馈机制也会变得迟钝，从而阻碍你不断精进。所以，养成一个好习惯后不能止步不前，你需要不断反思，在已有习惯的基础上不断添加新任务，培养新的好习惯。

很多人觉得跑步无聊，但跑步对我来说乐趣无穷，因为我一直通过不断添加新任务和及时反馈让跑步变成自己和自己比赛的游戏，这也是不断进行自我评估与落差调整的一个心理游戏。在这个过程中，何愁不能进入心流体验呢？

第二章

**身体能量：为身体蓄能，
用充沛的体能夯实基本盘**

第一章介绍了心理能量管理的四大黄金法则，并且提到了精力状态是基础，也是稳定心理能量的基本盘。充沛的精力离不开身体高效的蓄能。那么，如何为身体蓄能呢？

　　这里和大家分享为身体蓄能的四大方法，它们分别是呼吸、运动、睡眠和饮食。研究表明，体能储备取决于我们的呼吸模式、运动能力和习惯、睡眠的时间和质量、进食的内容和时间等。实现体能消耗和恢复的相对平衡，能够确保体能保持在相对稳定的水平。

　　大道至简，要想保持良好的体能，你只需要专注做好这4件事情：关注呼吸、规律运动、高质量睡眠、健康饮食。

呼吸：处于低能量状态，可能是因为你不会呼吸

我们每时每刻都在呼吸，可是你真的会呼吸吗？

呼吸是我们的身体与外界环境之间进行气体交换的过程——吸入氧气，排出二氧化碳。氧气在我们的身体中与我们摄取的营养物质发生氧化反应，释放热量，供给人体必需的能量。所以，呼吸与身体能量紧密相关，这一点可能出乎大家的意料，但呼吸确实是我们很容易忽视的能量之源。

错误的呼吸方式会给我们的身体造成潜在的伤害。《运动解剖学》系列专著的作者布朗蒂娜·卡莱 – 热尔曼说，错误的呼吸方式有可能会导致手麻、脚麻、胸痛、心悸、容易疲劳等症状。比如，一些人由于工作压力大，经常会无意识地屏住呼吸，这样会导致压力骤升，使其更加焦虑。

在咨询过程中，我时常会留意来访者的呼吸节奏与情绪状态的关系。在焦虑或生气时，我们的呼吸会变得浅而急促。这样呼吸能帮我们应对危险与挑战，但是会迅速消耗能量，如果不能及时调整，就会损害我们重塑思维和平复情感的能力，形成恶性循环。

呼吸与自主神经系统

为了帮助大家更好地理解呼吸与能量的关系，这里需要引入一个概念——自主神经系统。什么是自主神经系统？它是如何帮我们应对压力和恢复能量的？自主神经系统是人体神经系统的一部分，负责调节和控制许多自主的生理过程。它由两个相互对立但又相互协调的部分组成，即交感神经系统和副交感神经系统。

（1）交感神经系统。这个系统通常被称为"应激"或"战斗－逃跑"系统，当身体感受到威胁或处于应激情境时，交感神经系统会激活，导致心脏搏动加快、呼吸急促、血压升高，以应对紧急情况，它是与身体的应激和活动相关的部分（见图 2-1）。

瞳孔扩大
支气管扩张
血管收缩
血压升高
心脏搏动加快

图 2-1　交感神经系统的激活状态

（2）副交感神经系统。这个系统通常被称为"休息和消化"系统，其活动与身体的放松和恢复相关，包括心脏搏动减缓、呼吸频率降低、促进消化，它有助于我们在平静状态下保持身体的正常功能（见图 2-2）。

图 2-2　副交感神经系统的激活状态

这两个系统的平衡对于维持身体的内在平衡至关重要。在我们应对压力和发生应激时，这两个系统会交替发挥作用，以确保身体适应外界环境的变化。

通过自主神经系统的调节，人体可以适应外界环境的变化，并在应激和放松之间保持平衡。有意识地进行一些能够刺激副交感神经系统的活动，如深呼吸、听轻音乐和放松练习，有助于降低压力水平，促进身体的健康和平衡。

长期面临压力可能导致自主神经系统的紊乱，使交感神经系统过度激活，而副交感神经系统的活动减少。这种紊乱可能与长期处于紧张情绪相关，会对身体产生负面影响，如增加患心血管疾病、免疫系统出现问题等的风险。

所以，通过调节呼吸调节自主神经系统，让其保持在平衡状态至关重要。

研究表明，调节呼吸可以从以下几个方面影响自主神经系统。

（1）呼吸深度和频率。深呼吸和缓慢呼吸可以刺激副交感神经系统，促使身体进入放松和平静状态；相比之下，浅呼吸和快速呼吸更可能激活交感神经系统。

（2）心率变异性。心率变异性是指心率在呼吸周期内的变化，深呼吸有助于提升心率变异性，这通常被认为是一种与副交感神经活动相关的生理现象。

（3）二氧化碳水平。深而缓慢的呼吸可以提高二氧化碳排出水平，过浅的呼吸可能导致二氧化碳排出水平下降，而适度的二氧化碳排出水平对于调节自主神经系统至关重要。

所以，通过深呼吸调节身体，顺应体能消耗与恢复的节奏，既能帮我们集中精力，又能使我们深度放松。延长呼气时间有利于副交感神经系统发挥作用，更快地恢复体能。

那么，如何才能运用深呼吸来缓解压力呢？我推荐自己实践过的正念呼吸法。

正念呼吸法

正念（mindfulness）是指有目的且有意识地关注、觉察当下的一切，而又不对当下的一切做任何判断、分析和反应。正念呼吸能让我们通过对呼吸的关注，减少脑海中的杂念，缓解焦虑，从而使内心清净、放松，促进睡眠，让我们保持充沛的体能。

下面，我向大家介绍自己实践过的3种正念呼吸法，它们分别是数息法、观息法和随息法。

1. 数息法

数息法就是数自己的呼吸次数，即在安静的环境下，坐在舒适的椅子上，闭上眼睛深呼吸，每次吸气后停顿一下，然后呼气，保持呼吸自然，完成一次呼吸，计数一次。你不需要有压力，数息只是为了帮助你集中注意力。

这里有几个要点需要注意。

第一，在计数时，建议先从 1 数到 10，然后重复该过程，以实现循环往复。

第二，如果在数息的过程中，你因为分心等忘记数到几了，无须介意，从 1 重新开始数就好。

第三，在数息的过程中，对于外界的干扰与身体的酸痛，你应尽量忽略，把注意力集中在数息上。

2. 观息法

观息法就是观察自己的呼吸，即在安静的环境下，闭上眼睛，将注意力集中在呼吸上，注意每一次呼吸时的感觉，不要刻意调整呼吸。

这个过程就像看电影一样，你带着好奇心，从第三人的视角去观察自己的呼吸，如呼吸的长短等。你可以在呼吸时感受腹部的起伏，也可以感受气流通过鼻尖时带来的丝丝凉意或暖意。每个人的敏感部位不同，你需要找到自己在呼吸过程中身体最敏感的部位，然后不断地去体会该部位的变化。

3.随息法

随息法就是自然呼吸，即在安静的环境下，闭上眼睛，将注意力集中在呼吸上，但是不刻意控制呼吸，自然进行。我们需要在自己数息和观息的功底比较扎实时才能够慢慢进入这种状态。

以上3种正念呼吸法可以帮助我们更好地关注自己当下的感受和体验，提高注意力和专注力。在睡前和刚醒时，我们可以用10分钟左右的时间借助正念呼吸法进行全身放松，让自己调整好状态。

另外，我们可以每日记录，并且每周汇总，相关内容可参考图2-3和图2-4。

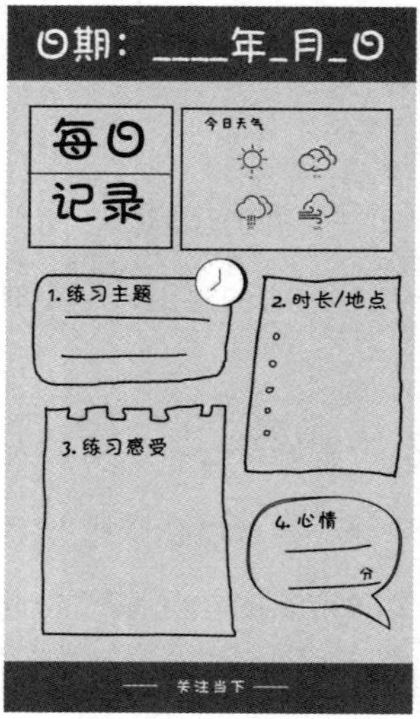

图 2-3　每日记录 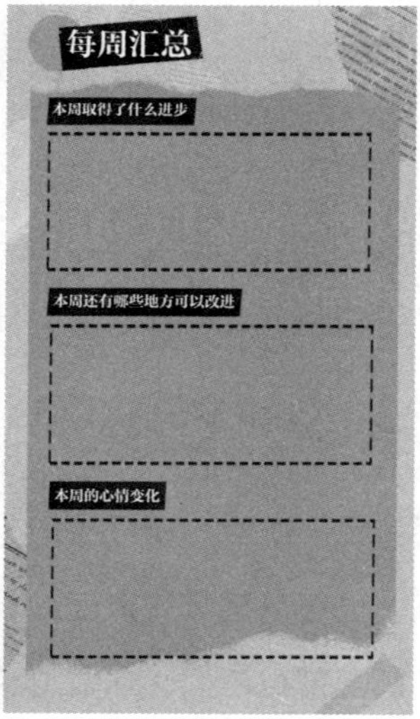　　　　图 2-4　每周汇总

如果我们能踏实地运用这些看似简单的方法，每天坚持练习，大概只需 1 个月的时间就可自然从数息慢慢过渡到观息，然后从观息过渡到随息。此时，我们会发现，自己的杂念越来越少，自己越来越容易进入正念状态。这能帮助我们有效终止那些无谓的心理内耗，保持全情投入的高能状态。

运动：科学运动，从易疲劳到保持高能量状态

我们常说，生命在于运动。运动不仅有助于我们提高体能、保持身体健康，更在心理层面发挥着不可或缺的积极作用。运动对心理能量的提升主要表现在两个方面。

首先，运动能促进神经递质——多巴胺、内啡肽等的分泌，这些物质有助于调整心理状态，使人保持乐观、积极向上的精神状态。

其次，在运动的过程中，我们需要克服困难、挑战自我，这正是磨炼意志、增强自信心的绝佳机会。所以，通过运动，我们能够提高自我认知能力，更好地认识自己，发掘内在潜力。

运动与心理状态

具体而言，运动可以从 4 个方面影响人的心理状态，它们分别是释放内啡肽、提高精神集中度、消除压力、缓解焦虑和抑郁等情绪。

1. "幸福激素"：内啡肽的力量

在运动对心理能量的作用机制中，内啡肽是关键因素。内啡肽

是一种由身体内部产生的化学物质，它与人的感觉、情绪和疼痛调节有关，也被称为"幸福激素"。它在大脑中与相应的受体结合，使人产生愉悦感和幸福感，从而有助于缓解焦虑、抑郁等情绪。

研究表明，运动能有效地刺激内啡肽的释放。运动，特别是有氧运动，如慢跑、游泳和骑自行车，能够引起生理变化，其中之一就是内啡肽的释放——运动激活神经元系统，刺激内啡肽的释放。研究也发现，运动强度与内啡肽水平存在一定的关联，相对而言，高强度的运动更可能引发更多的内啡肽释放。

由此可见，运动能通过影响人体内的内啡肽水平调节人的情绪。

2. 精神集中度：运动对提高注意力和专注力的作用

运动对提高注意力和专注力作用显著，这主要与以下几个因素有关。

- 增加脑血流量和氧供应：运动能够提高心率和促进血液循环，从而增加脑血流量和氧供应，这对于维持大脑功能和提高注意力至关重要。充足的氧气和养分可以提高神经元的活跃性，改善认知功能。

- 释放脑神经递质：运动刺激大脑释放多巴胺、内啡肽和肾上腺素等。这些神经递质能够提高人的警觉性、注意力等，有助于维持专注。

- 加强脑神经元连接：运动促使大脑形成新的神经元连接，这被认为与学习和记忆相关。这种神经可塑性的改变可以提高信息处理的效率，使得大脑更容易保持专注。

- 改善睡眠质量：运动有助于调节睡眠周期和深度，提高睡眠质量。充足的睡眠对于注意力和专注力的维持至关重要，运动可以改善睡眠的结构，使人在白天更为清醒和专注。
- 增强对注意力的自我调节能力：通过运动，人们可以培养对身体和思维的自我感知能力，并增强对注意力的自我调节能力。这种自我调节能力是保持长时间专注的关键。

总体而言，运动通过多种途径影响大脑功能，从而提高人的注意力和专注力，这不仅对日常工作和学习有益，还有助于预防认知衰退和促进心理健康。

3. 压力消除：将运动作为舒缓心理压力的天然良药

运动有助于舒缓紧绷的神经，缓解浮躁的情绪。在运动时，我们的肾上腺等生理系统被激活，分泌出肾上腺素等激素，它们不仅为我们提供了运动的动力，也让我们在忙碌后实现心理上的恢复。不仅如此，运动还能提高我们对心理压力的适应能力。这意味着在面对生活中的挑战与压力时，经常参与体育活动的人往往更加从容不迫，同时拥有随时准备迎接挑战的力量。

此外，运动对睡眠的积极影响不容小觑。正如良好的睡眠有助于身体恢复和能量调节，使我们更加有韧性地应对压力，惯常的运动则为我们铺好了入睡的温床。运动带来了深度放松，我们的睡眠质量因此得以提高，这为精力的补充和压力的消除提供了有力支撑。

4. 运动对缓解焦虑、抑郁等负面情绪的作用

众多研究显示，运动是一种有效缓解焦虑、抑郁等负面情绪的手段。我们甚至可以这样理解：假如运动的益处能被浓缩成药物形态，那么它无疑将成为世界上起效最迅速、副作用最小、疗效最持久的"神药"。更令人称奇的是，这种"神药"可以说几乎是免费的。在这种情况下，谁能拒绝这样的手段呢？

运动与自我认知

除了心理状态，运动对于个体自我认知的影响也是显著的。这些影响涉及自我效能感、成就感、人际关系等方面。

1. **自我效能感：运动有助于提升个体的自我认知能力和信念感**

运动有助于个体逐渐提升自己的自我认知能力和信念感，最终形成更强大的自我效能感。这种积极的心理状态不仅对身体健康有益，还能在日常生活和工作中产生积极而深远的影响，这主要体现在以下几个方面。

- 挑战和适应：运动常常涉及一系列的挑战，如提高运动强度、增加运动时间等。通过应对这些挑战，个体逐渐增强适应能力，克服困难，从而培养了解决问题的能力。
- 团队合作与社交技能：参与团队运动或群体活动时，个体需要与他人协同合作、沟通协调。这不仅有助于个体提升社交

技能，还能增强个体在社会环境中的自信心和信任感，从而提升整体的自我效能感。

- 自我评价与积极心态：运动时个体能够感受到自己的进步，这种积极的体验有助于个体形成积极心态，逐渐学会积极地评价自己的能力和成就，塑造积极的自我形象，从而增强自信心。

- 自我控制与自律：运动需要个体坚持和自我约束，培养了个体的自我控制能力。这种自我控制能力对于个体在其他生活领域的表现具有积极影响。

2. 成就感：通过完成运动目标带来心理满足和自我实现

研究表明，运动在以下几个方面对于提升成就感效果显著。

- 改善体态：运动有助于塑造健康的体态。通过锻炼，个体可以调节体重、增加肌肉质量、增强身体柔韧性等，这种体态的改善可以显著提升个体的自我形象，从而增强其自信心。

- 改善身体功能：运动不仅有助于个体改善身体外观，还可以改善其身体功能。这种身体功能的改善对于增强个体的自信心和自尊感会产生积极的作用，因为这让个体感受到自己变得更强壮和有活力。

- 产生心流体验：运动时，个体往往会产生心流体验，这种心流体验能使个体忘却时间和外界压力，继而产生一种自我实现的成就感。

- **实现身心平衡**：运动有助于维持身心平衡、改善情绪和促进心理健康。个体感受到身心平衡和心理健康时，会产生一种满足感和自我实现的成就感。

总体而言，运动通过改善体态、改善身体功能、产生心流体验、实现身心平衡等，为个体提供了自我实现的成就感，这对于促进个体身心健康、提升其生活质量具有积极而深远的影响。

3. 运动帮助个体改善人际关系和增强社交技能

运动对人际关系和社交技能有着多方面的积极影响。运动不仅提供了社交环境，还通过合作、竞争等方式促进了人际关系的发展，这主要体现在以下几个方面。

- **通过团队合作，培养竞争和合作意识**：团体运动（如篮球、足球、排球等运动）强调合作和团队精神，这促进了团队成员之间的互信和协作，有助于个体建立良好的人际关系。同时，运动使个体积累了竞争和合作经验，培养了个体的竞争意识和合作意愿，这对于个体在社交环境中处理竞争和合作关系具有积极的影响。
- **加强社交互动，并建立友谊**：运动为个体提供了与他人社交互动的机会，个体不论去健身房、运动俱乐部，还是参与户外活动，都有机会结交新朋友，并建立友谊。

运动行动心法

很多人都知道运动很重要，但真正能够有效坚持运动的人没有多少，因为要养成习惯并且坚持下去实在是太难了。我会在后文专门和大家分享用"2分钟规则"来养成运动习惯的方法，这里先简单介绍一下让大家快速运动起来的行动心法。

- 制定目标：制定可行的运动目标，逐步增加运动强度和时间，使运动成为可持续的习惯。
- 选择喜欢的运动：选择自己喜欢的运动项目，增加参与运动的兴趣，这样更容易坚持下去。
- 搭配音乐：听着喜欢的音乐进行运动，可以增强活力，提升运动时的愉悦感，从而增强运动的动力。
- 参加社交运动：参加团体运动或邀请朋友一起锻炼，既可以增强社交互动，也能在运动中获得支持和鼓励。
- 适当休息：适当休息对身体和心理的恢复都是必要的。不要过度运动，应给自己足够的时间来恢复体力。
- 养成日常习惯：将运动融入日常生活，如在不影响生活的前提下，选择步行而不是开车，爬楼梯而不是坐电梯，逐渐养成习惯。
- 寻找多样性：尝试不同的运动形式，这样可以增加新鲜感，激发兴趣。
- 灵活调整计划：根据自己的生活节奏灵活调整运动计划，保持积极的心态。

运动对心理能量的提升体现在多个方面。它不仅有助于促进人体"幸福激素"的分泌，改善个体的情绪状态，还有助于个体提高自我认知能力，培养自信和坚韧的品质。因此，我们应该珍惜生命中每一次运动的机会，让运动成为生活的一部分，通过运动让生命绽放出更加绚丽的光彩。

睡眠：拯救睡不着、睡不醒的高效睡眠法

睡眠的重要性再怎么强调都不过分，我就是良好睡眠的受益者。

以前我也是个"夜猫子"，读研第一年经常熬夜看电影或复习，这直接导致我的第一次司法考试失败。由于考试持续了整整两天，我的不良睡眠习惯导致我在考试期间无法得到充分的休息，我因微小的分数差距未能通过考试。对于第二次司法考试，我决定破釜沉舟，一战到底。这一次，我在复习过程中最大的调整就是养成了早睡早起的习惯，这个习惯对我帮助极大，并最终帮助我顺利通过了考试。这个好习惯后来也被我保留了下来，陪伴我经历了大大小小的考验。我甚至为此总结了一句座右铭："给我一个好觉，我就无所不能。"如果一份工作连续影响我的睡眠超过两周，不管这份工作多么令人艳羡，我都会放弃。

最终，这种信念也成为帮助我找到理想职业的重要力量之一。我也希望大家能够掌握科学的睡眠方式，提高睡眠质量，"睡"出良好的能量状态。

比起"量","质"更重要

大家都知道,即便少量的睡眠缺失也会深刻影响人体的身心健康水平。多项研究表明,体能、思维能力等会随着睡眠不足而下降。同时我们也要避开一个误区:"睡眠时间长"等于"睡得好"。事实上,比起"量","质"更重要。与睡眠相关的问题无法仅用增加"量"来解决。

心理学家丹·克里普克(Dan Kripke)与同事追踪了100万人在6年间的睡眠模式,发现每晚睡7~8小时的人的死亡率最低,睡眠不足4小时的人的死亡率较前者高出2.5倍,而睡眠超过10小时的人的死亡率相比第一类人高出1.5倍。简言之,睡眠不足或过量都会增加死亡的风险。

此外,睡眠的时间点也会影响身体健康及工作表现。有研究表明,倒班工作者引发的交通事故比日间工作者多出1倍,其也更容易出现工伤;倒班工作者也比日间工作者更易患冠状动脉疾病和心脏病。

那么,如何才能科学、高效地睡觉呢?在掌握具体方法前,我们必须先了解一个重要的概念——睡眠周期。

什么是睡眠周期

根据睡眠周期理论[1]，一个睡眠周期是 90 ～ 120 分钟（因个体差异有所不同），而一个完整的睡眠周期由非快速眼动睡眠和快速眼动睡眠组成。其中，非快速眼动睡眠包括 4 个阶段：困倦、浅睡眠、中至深睡眠和极度深睡眠。不同的睡眠阶段各自承担着不同的任务。

1. 非快速眼动睡眠

（1）非快速眼动睡眠阶段一：困倦。这个阶段是睡眠周期的起始阶段，主要任务是让身体逐渐放松并进入睡眠状态。

（2）非快速眼动睡眠阶段二：浅睡眠。此阶段是睡眠周期的过渡阶段，我们的心率和体温开始下降。这一阶段的睡眠时间占比最大，并且如果此时我们被吵醒，就会重新回到困倦阶段。对那些一直被困在浅睡眠阶段的人来说，其睡眠就是有"量"无"质"的睡眠。

（3）非快速眼动睡眠阶段三、阶段四：中至深睡眠和极度深睡眠。进入这两个阶段，我们已经不太容易被吵醒了。这两个阶段的任务是实现对身体的修复和恢复，其是促进生长激素释放的阶段，也是调控免疫系统、促进细胞生长和修复的重要阶段。

2. 快速眼动睡眠

结束非快速眼动睡眠，我们就进入了快速眼动睡眠。快速眼动

---

[1] 西野精治：《斯坦福高效睡眠法》，文化发展出版社 2018 年版。

睡眠是睡眠周期的一个重要部分，通常在以下方面起着关键作用。

（1）记忆巩固。快速眼动睡眠的大脑活动增强，这一阶段对学习和记忆巩固至关重要，它涉及将短期记忆转换为长期记忆的过程。

（2）梦境发生。人们通常在快速眼动睡眠中做梦。虽然梦境的确切作用仍不完全明了，但它被认为与情绪处理、创造力和心理健康有关。

（3）大脑清理和维护。有些研究表明，在快速眼动睡眠，大脑会清理不必要的信息，帮助个体维持认知功能。

（4）神经系统发展。对婴儿和孩子来说，快速眼动睡眠对神经系统的发展尤为重要，占据他们总睡眠时间的较大比例。

缺乏良好的快速眼动睡眠可能导致个体的记忆力和学习能力下降、情绪波动以及认知功能受损。因此，保证足够数量和较高质量的快速眼动睡眠对于我们维持身心健康至关重要。

高效睡眠法

我们已经了解了睡眠周期的相关知识，也知道了一个睡眠周期是 90 ～ 120 分钟。虽然睡眠需求因年龄、性别、基因等个体差异而异，但普遍的科学共识是人体每晚需要 4 ～ 5 个睡眠周期，也就是 6 ～ 9 小时的睡眠才可以运转良好。那么，我们应该如何实现高效睡眠呢？

根据《斯坦福高效睡眠法》的作者西野精治的总结，人是有生物节律的，每天晚上 11 点左右上床睡觉是最好的。我个人认为晚上 10 点 30 分左右上床睡觉最佳，这样 11 点左右就可以入睡了，第一个睡眠周期很重要。

从入睡到醒来，人并非一直保持同一状态，在睡觉的过程中，非快速眼动睡眠与快速眼动睡眠交替反复出现。特别是第一个睡眠周期的非快速眼动睡眠，可以说是整个睡眠过程中最深度的睡眠。

入睡后，我们会经历 4 ~ 5 个睡眠周期，并且随着黎明的到来，快速眼动睡眠的时间会变长，也就是我们常说的"睡眠变浅"，直到我们完全醒来。所以，睡眠管理的关键就是改善第一个睡眠周期的非快速眼动睡眠。那么，怎么才能快速进入深度睡眠呢？

1. 快速进入深度睡眠的方法

（1）降低体温。体温的下降对睡眠来说是不可或缺的，也就是说，在睡觉时，我们应该让体温降下来。那么，具体应该怎么做呢？

第一个方法是入睡前 90 分钟洗澡。比如，你打算 11 点半睡觉，那么你大概 10 点钟就要去洗澡。入睡前 90 分钟洗澡的好处是什么呢？用 40℃ 左右的热水冲洗身体后，你体内的温度会上升。人是恒温动物，体内的温度上升后，只要你停止洗澡，它就会下降，温度下降的过程会给你带来睡意。

第二个方法是足浴。足浴在改善睡眠方面有着良好的效果，因为足浴可以提高手脚的散热能力。你可以把脚泡在热水里，使脚上的毛细血管扩张，结束泡脚后，脚会快速地散热，你的体温会下降。很多人都有睡前泡脚的习惯，这对改善睡眠很有帮助。

第三个方法是保持适宜的室温。怎样的温度算适宜的室温呢？答案是因人而异。太冷或太热都会影响深度睡眠，所以你需要记录一下能让自己睡踏实的室温。

第四个方法是给头部散热。选择透气性好的枕头有助于改善睡眠质量。

（2）控制大脑开关。控制大脑开关最有效的方法是运用单调法则。也就是说，你接触的东西越单调越好，不要动脑。我睡前会听一段轻音乐或者直接做一些声音练习，这样做很容易让自己进入一种静心想睡的状态。

（3）不要给自己太大的心理负担，对于偶尔的失眠要保持轻松的心态。正如畅销书《睡眠革命：如何让你的睡眠更高效》的作者尼克·利特尔黑尔斯（Nick Littlehales）强调的，你之所以如此担心失眠，是因为"你只看到了每晚的睡眠时间，而没有看到这是一个全天候24小时的修复过程。在一天24小时中，还有其他时机能让你弥补每晚缺失的睡眠周期。此外，你还没有认识到，准备上床睡觉的那段时间和醒来后的一段时间，也是睡眠修复的一个不可或缺的组成部分"。

《睡眠革命：如何让你的睡眠更高效》一书还提到："你将了解，睡眠可以是多相/多阶段的……你将不再苦苦计算你一个晚上总共睡了几小时，而是每个星期你总共获得了多少睡眠周期，从而坦然接受那些没有睡好的夜晚，并且学会放松一点儿。我们都有睡不好的时候，但第二天都得起床，继续新的一天。"

2. 关于睡眠周期的几个要点

作者也总结了关于睡眠周期的几个要点，具体如下。

（1）设定一个固定的起床时间，并坚持按时起床，形成良好的作息规律。如果你和伴侣同床共眠，让他也这样做，你们的起床时间保持一致是最理想的。

（2）用睡眠周期而不是用睡了多少小时衡量睡眠质量。

（3）你可以自行选择入睡时间，但入睡时间取决于你的起床时间。

（4）尽量避免连续3个晚上睡眠不足（睡眠周期低于理想水平）的情况发生，争取每周至少有4个晚上能获得理想的睡眠。

（5）睡眠不是一个简单的关于数量或质量的问题，你应当试着了解自己究竟需要多少睡眠时间。对大多数人来说，每周35个睡眠周期是最理想的，28～30个睡眠周期也比较理想。如果你睡得比计划得更少，你也许会过于疲劳。

总之，保持良好的睡眠环境、规律的生活习惯等都是有效的睡眠管理方法。通过这些方法，我们可以改善自己的睡眠，让自己更加健康地生活。

3. 睡眠管理心得

在这里，我也分享一下我的睡眠管理心得，希望能给大家带来一些启示。

（1）避免负面暗示。有时，我们越是想要睡觉，越是下定决心"我今晚不能失眠"，就越睡不着，越焦虑。所以，对自己进行心理暗示时要多用肯定句，如"今晚我会好好睡觉，睡得很好"，而不是用带"不"字的否定句来表达，如"今晚千万不要失眠"。

（2）床是用来睡觉的。床是睡眠的专属场所。我们在床上做与睡觉无关的事情，如看书、看电视、玩手机，甚至是工作，就打破了这种专属关系，使得大脑对床的认知产生混淆。当我们在床上做睡觉以外的事情时，大脑会将这种情景与清醒、活动关联起来，从而导致入睡困难，乃至引发失眠。因此，为了保证高质量的睡眠，我们应该只把床作为睡觉的地方，避免在床上做与睡觉无关的事情。如果遇到失眠的情况，我不会在床上辗转反侧，而是会起身去书房看书，等有睡意后再返回床上睡觉。

（3）促进身体分泌褪黑素。在面对失眠问题时，许多人选择依赖褪黑素解决。这往往是由于他们自身无法正常分泌足够的褪黑素。那么，如何才能不影响正常的褪黑素分泌呢？在睡前30分钟内，应尽量避免使用手机、电视、平板电脑等会发出亮光的电子产品，并适当调暗房间内的灯光。因为这些电子产品发出的蓝光会导致褪黑素分泌受阻，影响睡眠质量。

（4）避免饮用刺激性饮料和食用难以消化的食物。为了不影响睡眠，我们在睡前应避免饮用咖啡、茶等刺激性饮料。同时，为了保持消化系统的健康，睡前3小时内也不应食用难以消化的食物，以免引起肠胃不适，从而影响睡眠。晚餐应尽量口味清淡，以减轻消化系统的负担。

（5）小憩时间控制在 30 分钟以内。睡眠研究员、心理学家克劳迪奥·斯坦皮（Claudio Stampi）做过一项实验，实验的目的是研究短期休息对保持清醒状态和工作效率的影响。在这项实验中，研究参与者没有正常的睡眠时间，但是每间隔 4 小时被允许进行 20 ~ 30 分钟的小憩。结果显示，即便缺失长时间的连续睡眠，经过有规律地短暂休息，研究参与者依旧能保持长时间的高效工作状态和认知敏锐性。

实验同时表明，如果小憩时间延长至 30 分钟以上，许多研究参与者会感到昏昏欲睡和身体无力，他们的疲劳感甚至超过了完全不睡觉时。这是因为较长时间的小憩会使人进入深睡眠阶段，若未能完成整个睡眠周期便被唤醒，人往往会感觉格外疲惫。因此，要想利用小憩来恢复精力，建议将时间控制在 30 分钟以内。

饮食：用均衡、有营养的饮食保障能量供给

饮食是涉及健康与能量管理的一个重要指标。饮食主要涉及两个问题：吃什么及吃多少？怎么吃？

吃什么及吃多少

当前一些人面临的健康问题并非营养不良，而是由长期过度进食导致的身体肥胖、糖尿病和高血压等病症。根据营养学研究[①]，与低脂蛋白、大多数蔬菜和谷物等复合碳水化合物相比，高糖高脂食物和简单碳水化合物在能量转化效率和能量释放方面显得较为逊色。

尽管高糖高脂食物和简单碳水化合物可以快速提供能量，但是这种能量释放过程很短暂，并不持久，且容易导致体重增加。换句话说，它们是"快能量"的来源，能量来得快，去得也快，而且过度摄入这类食物会增加患糖尿病和心血管疾病的风险。

---

① 普外科曾医生：《曾医生让你早知道》，湖南科学技术出版社 2021 年版。

相比之下，复合碳水化合物的消化吸收过程较长，能量释放更为持久和稳定。这类食物可以提供丰富的纤维素，增加人体的饱腹感，降低过量饮食的可能性。

因此，选择具有较低升糖指数的食物至关重要。升糖指数用于衡量食物中糖分进入血液的速度。缓慢释放的糖分能够提供更稳定的能量。低升糖指数的食物可以提供充足且持久的能量，如全麦食物、高蛋白质食物、低糖水果等。相反，高升糖指数的食物（如米饭、奶酪和甜品等）可以在短时间内快速提供能量，但食用这类食物大约 30 分钟后，我们体内的能量水平就会明显下降。所以，我强烈建议大家足量饮用纯净水，戒掉垃圾食品，增加蔬菜、水果和杂粮的摄入量，同时减少精米、精面和肉类的摄入量。

在吃多少方面，食物的摄入量以让我们达到七八成饱为宜。以前，我常常在聚餐时吃撑，后来我特别注意食物的摄入量，虽然刚开始感觉吃不饱，但逐渐适应后发现，这样的饮食方式更有利于肠胃消化和身体健康。

怎么吃

进食的频率会影响我们保持全情投入的能力和维持良好表现的能力。一般来说，一天内吃 5 ~ 6 餐低热量且高营养的食物能够为我们提供稳定的能量。下面分享一下我对饮食管理的体会和心得。

1. 经常饮用新鲜的果蔬汁或食用果蔬

蔬菜和水果含有丰富的营养物质。这些食物在帮助人体达到并保持理想体重的同时，也降低了罹患癌症的风险。日常食用的蔬菜和水果应尽量多样化。

2. 多喝水

澳大利亚的研究员在一项涉及 2 万人的调查中发现，每天喝 5 杯 230 毫升的水的人比喝 2 杯以下的人死于冠心病的概率更低，因为缺水会导致血液黏稠。所以，我们应该提高喝水的频率，不要等到渴了再喝水。我一般在写作或咨询时都会不时地往水杯里加水，思考时也会捧着水杯，让喝水成为习惯。尽管这样做导致我上厕所的频率较高，但也帮助我有意打断连续的工作，适时地放松自己，所以我很少有腰酸背疼的问题。

3. 做到少食和轻断食①，并且完全不沾烟酒，也不喝刺激性饮料

在轻断食期间，我并不会按照传统的一日三餐的方式进食，在晚上也吃得很少。但是我的早餐非常丰富，我一般起床后就会喝一些水，然后喝几杯新鲜的果蔬汁，再去跑步，跑步回来后吃红薯、红豆薏米粥等主食，并且吃一个苹果，这样一般能够让我一个上午都保持精力充沛。

---

① 轻断食又叫间歇性能量限制饮食，是按照一定规律在规定时期内禁食或给予有限能量摄入的一种饮食模式。在进行轻断食时，需要注意选择适合自己的周期，保持补充水分和电解质。注意，并非所有人都适合轻断食。

中午和下午，我会间歇性地吃一些坚果、水果，喝一些果蔬汁，让自己保持高能量状态。在开始尝试一天两餐的轻断食后，尤其是在两餐的间隔时间超过 16 小时时，我发现自己的身心状态变得更好，肠胃的负担也减轻了，有兴趣的读者也可以尝试一下轻断食。

最后，我想强调一下关于饮食方式的几个注意事项。

（1）一定要细嚼慢咽，可以利用正念，吃每一口食物甚至可以咀嚼 20 次以上再咽下，吃的时候充分感知食物的味道。

（2）每次吃饭最好有一定的仪式感，并且吃饭时不要受干扰，不要边看电视或者边看书边吃饭，而应全神贯注，这样才能充分感知食物，让肠胃充分做好消化食物的准备。

（3）如果不爱吃蔬菜，可以将蔬菜打成汁，蔬菜汁去除了难以消化的粗纤维，保留了丰富的营养，具有较高的营养价值。

第三章

内在能量：改变内在模式，活出内在力量感

内因是事物变化的根据，是事物发展的源泉和动力，决定着事物的性质和发展方向。换句话说，内因通常是处于第一位的原因。

　　这个道理在心理能量管理上也是说得通的。内在能量是第一位的，是决定心理能量水平的根本因素，也是我们真正能够掌控的核心部分。在本章，我将从 4 个方面详细说明如何提升内在能量。

要事第一：心理能量管理中的降维打击

如果你认真将前文介绍的方法运用到生活中，那么我相信你会养成良好的习惯，并且拥有相对稳定的体能，你也将越来越能体验到对生活的掌控感。

有没有一种方法可以让我们从宏观角度把握生活的重心，在人生大事上不偏离轨道呢？我们有没有可能防患于未然，让生活越过越美好呢？

心理能量管理第一性原理

我的不少学员找到我，都是因为其生活中出现了重大变故或挑战。不管是孩子叛逆、焦虑或抑郁，还是学员本身面临关系冲突，都是比较紧急的事情，迫切需要拿出一个解决方案。

他们刚找到我的时候，依赖心理比较明显，往往是希望我直接帮他们解决燃眉之急。但我往往会问他们一个问题："冰冻三尺，非一日之寒，为什么事情会发展到这一步呢？"这个问题会让不少学员一时难以回答。确实，在问题显露之前，他们只是在日复一日地忙碌，并不知道重要的事情在不断地被拖延。

就像前文中提到的杨明与徐青的例子，他们刚找到我的时候，杨明其实是一头雾水，觉得工作中还有不少紧急任务等着自己呢，为什么妻子就不能理解他一下。但徐青明确表示，如果杨明不调整他的思维，真正关注她的需求，那么她就要考虑离婚了。正是因为这样的最后通牒，杨明才如梦初醒，开始真正关注两个人的关系问题。

萱萱的情况则更为典型，她在巨大压力下身心俱疲，医生建议她服用抗抑郁药。如果不进行调整，那么她很可能会有精神崩溃的风险。她这才试图调整生活节奏，但是曾经让她马不停蹄的各种压力还是穷追不舍，她不知道怎样才能摆脱这个心理能量枯竭与挑战不断加码的恶性循环。

其实他们都在心理能量管理中出现了一个根本性问题——完全被"紧急"的事情牵着鼻子走，但是重要的事情一直在被拖延，最后他们被迫面对"四处着火"的局面，疲于应付，精力管理更是可望而不可即。

根据心理能量管理第一性原理（即实现目标的最优路径）——要事第一，你必须了解生活中真正重要的事情，然后集中精力优先解决重大问题，这样才能有备无患，从容应对，避免心理能量过度损耗。

时间管理矩阵

美国著名管理学大师史蒂芬·柯维（Stephen Covey）在《高效能人士的七个习惯》中详细介绍了要事第一的成功习惯，提到了一个实用的管理学工具——时间管理矩阵。它可以帮助我们区分重要与不重要、紧急与不紧急的事情，从而使我们更好地安排处理事情的优先级。

时间管理矩阵将所有待处理的事情按照重要性和紧急性分为 4类，它们分别对应 4 个象限（见图 3-1）。第一类是重要且紧急的事情，这类事情需要我们立即采取行动。第二类是重要但不紧急的事情，这类事情虽然无须我们立即处理，但对我们实现长期目标至关重要。第三类是紧急但不重要的事情，这类事情可能会分散我们的注意力，但对我们实现目标没有实质性贡献。第四类是不重要且不紧急的事情，这类事情通常可以延后处理或忽略。

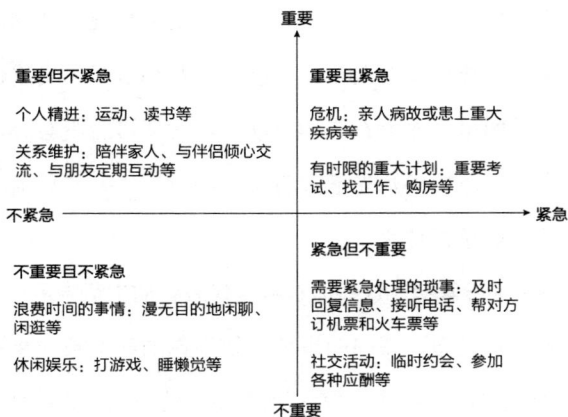

图 3-1　时间管理矩阵

一般来讲，面对重要且紧急的事情，大家都会优先处理；对于不重要且不紧急的事情，大家会尽量少花心思。所以真正的挑战在于我们如何在重要但不紧急的事情与紧急但不重要的事情之间做出选择，因为这决定了我们在心理能量管理中能否真正做到要事第一。

在面对紧急状况时，许多人会迅速做出反应，这导致他们将大量精力投入处理紧急但不重要的事情，而忽略了真正重要且能带来长期利益的事情，如锻炼身体、陪伴家人和静心读书等。如果我们一直都处于疲于应付的状态，就可能会陷入越忙越乱、越乱越忙的困境，从而错失成长的机会。最终，我们可能会因为适应不了各种变化，面临被淘汰的境况。因此，我们需要认真思考什么是真正重要的事情，不被紧急情况左右，并且专注于真正重要的事情，以实现长期的自我提升和成长。

史蒂芬·柯维在演讲时演示了一个小实验，这个实验非常形象生动地说明要事第一的意义。他让一位女士上台往一个透明的玻璃桶里放石头——既有几块大石头，也有一些小石子。当这位女士先把小石子放进桶里再放大石头的时候，她发现最后没有办法将所有大石头放进去，但如果她先把大石头全部放进去，然后放小石子，那么整个桶就刚好被填满。

史蒂芬·柯维解释，这些大石头就代表我们生活中重要的事情，小石子代表的是紧急、琐碎的事情，如果你的时间被"小石子"填满，那么很可能你生活中的"大石头"将无处安放。我们从这里可以看出，处理问题的优先顺序有多么重要。其实，心理能量管理也是如此，你的心理能量如果不能用来处理最为关键的问题，那就是一种浪费。

如何做到要事第一

那么，如何在生活中做到要事第一呢？

1. 自我管理

在这里，我向大家分享自我管理的 3 个步骤。

第一步，确立角色与目标。写出你在生活中扮演的关键角色，然后为关键角色确定一周内的重要目标（不超过 3 个），一周内扮演的关键角色不应超过 5 个。这里的关键角色既包括你在工作岗位上扮演的角色，也包括你在家庭中扮演的角色，还包括你在社会生活中扮演的角色，可以尽量细化。

我就辅导过杨明与徐青这对学霸夫妻用这种方式来解决他们有关要事第一的问题（见表 3-1 和表 3-2）。

表 3-1　杨明要事管理表（周目标）

关键角色	重要目标
个人	·体能锻炼 ·思维与写作训练（简要输出）
配偶	·配合婚姻咨询 ·进行一次深度沟通（时长为 2 小时）
项目负责人	·确保项目进度
领导助理	·帮领导完成课题申报
子女	·给父母打个电话

表 3-2　徐青要事管理表（周目标）

关键角色	重要目标
配偶	·与对方一起参与婚姻咨询 ·找出对方的 5 个优点
子女	·去医院为父母挂号与确定检查项目 ·周末回家看父母
个人	·上 3 次瑜伽课 ·将心理学图书阅读一半
团队领导	·与上级和成员确定团队目标
美食博主	·发表一篇美食鉴赏文章

将目标列完后，需要按照时间管理矩阵确认目标是否属于真正重要的事情，以及具体落在哪个象限。我和他们一起审视，发现绝大部分目标都属于重要但不紧急的事情，这就代表他们在心理能量管理方面已经进入良性循环。

第二步，安排时间。现在，你需要为完成每一个目标安排具体的时间。比如，杨明之所以将体能锻炼放在第一位，是因为他最近明显感觉工作时精力不济，这严重影响了他的工作效率。为了解决这一问题，杨明需要着重提升耐力（进行 5 公里长跑）和增强臂力（进行单双杠练习）。因此，他需要明确具体的练习目标和时间安排。例如，每天抽出 1 小时用于练习，晚上是一个不错的锻炼时段，他可以按照计划严格执行。徐青可以专门抽出 2 小时写文章，争取不受打扰，可以选择在周末的早上进行。

当你把真正的要事分配到具体生活中，剩下的事你就可以自由灵活地安排了，包括放松、散步、见朋友、购物等。

第三步，每日调整。每天早晨起来，你可以确认一下要事能否顺利进行，这也是周计划比日计划更便于执行的原因。一周中，你可能需要处理另外一些紧急的事情，但是要确保不影响要事的处理效果。

如果你坚持下来，慢慢地，紧急的事情就会越来越少，而重要但不紧急的事情就会越来越多。你要储备足够多的能量来应对突如其来的挑战，并且在应对关键挑战时能够全情投入，体验心流。

注意，在这个过程中，区分一件事情是否重要最关键。大家不要局限于史蒂芬·柯维的观点或者我给的这些方法，而应在实践中真正领悟要事第一的真谛，并以此指导自己进行心理能量管理。

另外，在确定事情的重要性时，我们需要遵循一些基本原则。这些原则涉及个人的价值观、人际关系以及人生目标等方面。例如，你想成为什么样的人？你想拥有什么样的人际关系？你想度过怎样的人生？……根据这些原则，我们需要在安排事情时做适当的调整，并在工作和生活中学会做减法，给处理重要的事留出时间。一旦计划要完成一件事情，就要认真执行计划并在要事管理表中进行标注。只有这样，我们才能更好地把握事情的重要性，提高生活质量和工作效率。

2. 学会责任型授权

每天只有 24 小时，我们能够真正支配的有效时间并不多。那么，我们如何才能借助他人的力量，让自己真正专注于重要的事情呢？

下面，我向大家分享一个实用的方法——责任型授权。它能让你从各种复杂的人际关系中真正解放出来，有效依托他人的力量，全力以赴地完成最为重要的事情。

所谓"责任型授权"，是相对指令型授权而言的。所谓"指令型授权"，就是不断向别人下达具体指令，让别人去做这做那，对其工作的每一步进行详细指导。这种方法需要你时刻关注对方的状态和进度，比较耗时耗力。责任型授权关注的重点是最终的结果，它给授权对象充分的自由，允许其自行选择做事的具体方法，只需为最终的结果负责。

打个比方，对于让孩子洗碗这件事情，采用指令型授权时，你更像一位监工，随时担心孩子是否按照你的要求认真在洗，会不会把碗打碎，会不会洗不干净，所以你会忍不住去指导。采用责任型授权时，你会先明确自己什么时候来检查结果，孩子洗的碗需要达到什么样的验收标准（如油渍被洗净），然后简单示范一下如何洗碗，与此同时也允许孩子按照自己的方法和步骤洗，你只需要检验最后的结果。

由此可见，我们要想让自己解放出来，完成从指令型授权到责任型授权的过渡很重要。尽管指令型授权的风险较低，但太关注过程，不仅耗费精力，不能让对方获得真正的成长，你也无法获得真正的自由。责任型授权则更为关注结果，代表信任与自由，尽管你和对方刚开始需要承担一定的风险，但一旦成功便能真正获得自由。

如果对方缺少经验，让你感觉不放心，你该如何做到责任型授权呢？根据史蒂芬·柯维的研究，做好责任型授权需要满足以下5个条件。

一是告知预期成果。要投入时间，耐心、详细地向对方描述预期的结果，并明确具体的日程安排。

二是确认指导方针。确认使用的评估标准，但是一定要有明确的限制性规定。因为不加约束地放任对方会扼杀其能动性，让其回到初级的指令型要求上。

三是提示可用资源。告知对方可使用的人力、财物、技术和组织资源，帮助对方最大限度地取得预期成果。

四是明确责任归属。制定业绩标准，用以评估最后的结果，告知对方具体的评估时间表。

五是明确奖惩制度。明确告知对方评估结果，包括物质奖励、精神奖励、职务调整以及该项工作对其所在组织完成使命的影响。

接下来，我将现身说法，具体向大家介绍如何做到责任型授权。最近，我开始把微信公众号文章的一些编辑工作交给我的助理来做。最初指导他的时候，我在一些关键问题上也存在过多采用指令型授权的问题。比如，我很看重公众号文章的写作与发表，也希望排版能够专业美观，而助理缺乏相应的经验，但我没有明确说明我预期的成果，因为觉得这样做是浪费时间，所以我只是发了几篇文章让他参考。

　　助理完成工作后，我就开始提各种修改意见，如字距和行距不够理想，关键句子没加粗等。这时，助理的效率往往很低，因为我提供的意见很具体，他也只能按照具体的意见一点点修改。我希望他有举一反三的能力，但是忘了自己在授权过程中缺少对他的信任和对预期整体效果的描述，这也让他感到沮丧，觉得没有成就感。后来，我开始练习采用责任型授权。

　　首先，我明确了自己期待的成果，并且尽量将成果标准化，给助理列了清单以便他管理目标，而对字距、行距等方面，我也直接进行了提示，避免他无意义地摸索。

　　然后，我告知助理，我会充分向他授权，他刚开始出错也没关系，我会在多久后进行验收。刚开始的时候，我会验收 2 ~ 3 次，以确保最终的效果。待他的熟悉程度提高后，我就只用验收 1 次了，并且在工作过程中，我会把一些可以参考的文章和图片发给他，并告知他有疑问可以直接问我。

　　当他对整个过程越来越熟悉时，我会不断肯定他的主观能动性（比如，他会在排版时加入一些创意，也会用图表等方式对部分内容进行强化），并经常发红包表达对他的赞赏。他的成就感越来越高，能动性也越来越强。

　　后来，我开始把部分他喜欢和擅长的题材交给他来写。这次我吸取了上次的教训，不对他进行具体的指导，而是直接向他明确了我期待的成果，然后对他详细讲述了写文章的要点，明确了截稿时间，就放手让他去做了。

然而，最终的结果令我稍感失望。文章在逻辑结构上并未展现出足够的严谨性，标题、开头和结尾等关键部分也略显草率。在克制住表达失望的情绪后，我详细询问了具体的情况。原来他在写作过程中遇到了困难，那时他应当寻求协助。但我此前已明确自己采用了责任型授权，希望他能发挥主观能动性，由于他羞于求助，只能勉力为之，文章质量可想而知。

这个反馈也让我意识到，根据任务的难易程度和对方的熟练程度，我们对责任型授权采用的具体方式需要有所调整。对于高难度任务，我们需要用更多的时间向对方讲明自己期待的成果的具体要点，最好能让对方有画面感，然后让对方复述我们的要求，以此确认对方是否完全明白了我们的意图。

接下来，针对如何达成目标，我向助理提供了几个方案。在介绍每个方案之初，我需要进行相关演示并明确告知他所能得到的支持。此过程会涉及一定的指令性授权，然而，最终方案的选择权仍在他手中。

最后，我采取管理清单的方式让助理有章可循，并且在前期多进行几次成果验收与修改意见指导，对于他做得好的部分及时表示肯定，并且告诉他开始尝试时保持试错心态很重要，不要害怕犯错，而是要在每一次出错中总结和成长。

通过这一系列有关责任型授权的刻意练习，我发现他已经掌握了写好文章的诀窍，也越来越敢于突破与创新，而我也终于可以放心地让他去干了。

　　所以，要真正做到要事第一，实现心理能量管理，应记得从向内和向外两个方向管理。向内做好自我管理，把主要的时间与精力用在处理重要且紧急的事情上，形成习惯并持之以恒；向外则做到责任型授权，给予对方充分的自由与信任，同时把控好关键节点，确保整个任务的完成标准与时间安排的透明化，这样会帮助你最大限度地借助他人的力量，实现真正的解放与自由。

核心算法：培养成长型思维模式的 3 个心法

心理学大师荣格曾说："你的潜意识正在操控你的人生，而你却称其为'命运'。"面对同一件事，有些人看到希望，有些人却悲观失望；有些人看到机会，有些人却唯恐避之不及。说到底，还是人的思维模式在起作用，每个人的思维模式就是属于自己的核心算法。

尽管每个人都有自己的核心算法，但是只有少部分人的核心算法是可以不断优化的，并且根据他们的人生经验的累积不断更新迭代，让他们的心理能量状态能够不断适应变化的外部环境，并有效影响他们生活的各个方面。

你了解自己的核心算法吗？你知道如何用它轻松应对生活中纷繁复杂的局面吗？如何向高效能人士学习，不断优化自己的人生算法呢？在本节，我要向大家介绍一个有关心理能量管理的非常关键的核心算法——成长型思维模式。可以说，它是我进行心理能量管理的底层思维模式，也给了我无穷的能量补给。

很多学员羡慕我拥有高水平自尊，我总结了一下自己之所以拥有高水平自尊，是因为我敢于尝试，很少在挑战面前畏缩不前，我也不会因为自己的某次失误而沮丧半天，更不会为了维持某个"人设"而如履薄冰，待在自己的舒适区裹足不前……

其实，这都源于我找到了应对人生挑战的有效核心算法——成长型思维模式。我运用这种思维模式让自己走上了一条敢于试错、拥抱挑战、促使心智不断成熟的终身成长之路。所有的挑战和错误都成了让自己成长的机会，不断走出自己的舒适区的过程充满了乐趣，也让我越来越容易保持高能量状态。

下面我向大家详细介绍成长型思维模式与固定型思维模式的差异，以及如何培养成长型思维模式。

成长型思维模式与固定型思维模式的差异

成长型思维模式是斯坦福大学教授卡罗尔·德韦克（Carol Dweck）教授在其《终身成长》一书中提出的一个概念。她在书中详细探讨了成长型思维模式与固定型思维模式之间的区别。

拥有成长型思维模式的人认为，能力可以通过努力培养。虽然人的先天才能、资质、性格各有不同，但都可以通过后天的努力改变。这个世界上充满了帮助我们学习、成长的有趣挑战。拥有固定型思维模式的人认为，自己的智力和能力是不会变化的，而别人评价自己就是给自己下结论。所以他们会极度在意外界评价，时刻想证明自己在智力、个性和特征等方面的优势，注重的不是挖掘事情本身的乐趣，而是获得外界的肯定。

德韦克教授先用测评把学生分成了"成长型"和"固定型"两类，然后观察他们在面对挑战时的真实反应。她通过跟踪观察某医科大学学生的学习情况发现，拥有成长型思维模式的学生的成绩更好。这类学生即便在某次测验中表现不好，在下一次测试中也会努力赶上。具有固定型思维模式的学生如果考得不好，他们的分数就很难再提高。在学习方法上，具有固定型思维模式的学生像吸尘器一样，试图背下所有知识点；拥有成长型思维模式的学生善于寻找学习规律，并能从错误中吸取教训。

卡罗尔·德韦克教授通过大量的案例研究发现，固定型思维模式和成长型思维模式在以下几个方面具有明显的差异。

1. 对自身评价的准确度不同

拥有固定型思维模式的人对自己的评价往往很极端——有时认为自己无所不能，有时又认为自己一无是处，评价取决于自己的成败得失。他们的自我认知是缺乏弹性的，也不够准确客观。拥有成长型思维模式的人，相信能力可以培养，所以对自己的现有水平能持开放的心态。同时，他们也会对自己的现有水平进行客观的评估，以更好地学习和成长。

2. 对成败的看法不同

拥有固定型思维模式的人想赢怕输，希望确保自己的成功。因为他们认为聪明人应该永远是成功的，这让他们极力掩饰自己的不足，生怕自己成为失败者，最后反而对学习兴趣索然。对拥有成长型思维模式的人来说，成功意味着拓展自己的能力，而这需要通过不断学习才能实现。对于失败，他们的心态是平和的，即便失败令人痛苦，他们也认为一次失败并不能说明自己就是失败者，它只是一个需要面对和解决的问题，能让自己从中学习和受益，让自己变得更强大。

3. 对努力的看法不同

拥有固定型思维模式的人认为，只有无能的人才需要努力，如果他需要为做某件事付出努力，说明他不擅长做这件事。所以他们很容易放弃，在生活里表现得很被动，在感情里经常幻想拥有童话般的爱情，而错误地认为需要努力建立亲密关系代表对方不够爱自己。拥有成长型思维模式的人觉得，天才也需要努力。他们欣赏天赋，更崇尚努力。他们会通过努力不断地打磨自己的能力，修订自己的心灵地图，最终走上促使心智不断成熟的少有人走的路。

4. 关注点不同

拥有固定型思维模式的人只对反映其能力高低的反馈有兴趣，他们的注意力集中在答案的对错上，他们对有益于学习的信息没有兴趣。拥有成长型思维模式的人则高度关注有助于提高认知水平的信息。对他们来说，学习才是第一要务。

之所以要强调二者的不同，是因为心理能量管理的目标就是通过提升认知水平、塑造良好的思维方式减少内耗，实现高效工作和生活。固定型思维模式无疑是非常耗能的，尤其是自我化、普遍化和永久化的僵化心态更是会引发无尽的自我消耗。

"积极心理学之父"马丁·塞利格曼（Martin Seligman）

指出，人们在遭遇不幸和打击后，通常会陷入3种负面情绪陷阱：自我化、普遍化和永久化。这3种陷阱所对应的英文单词personalization、pervasiveness、permanence的首字母都是P，所以该理论也被称为"3P理论"。

自我化：认为发生不幸全都是自己的错，如失去亲人、投资失败、丢掉工作等，会在内心深处觉得自己搞砸了一切，认为自己罪不可恕。

普遍化：认为不幸会影响自己生活的方方面面，脑海中会不断地浮现各种担心出现的情景，觉得自己的人生毫无希望。

永久化：认为不幸和负面情绪会持续一辈子。比如，投资失败的人会觉得自己永远都不可能有翻身的机会；遭遇离婚的人会觉得自己很难再拥有幸福了等。

这3种陷阱其实也是3种思维模式，属于典型的固定型思维模式，这种僵化的思维模式有时很容易让我们陷入受害者思维模式不能自拔，通过一遍遍强化自己的"悲情"而故步自封。我在幼年时经历过丧母和父亲下岗的双重打击，长大后遭遇过高考失利和职场不公，但现在回想起来，尽管当时我并不知道什么是成长型思维模式，但我一直有一种信念，那就是"明天又会是新的一天"，我需要通过努力让自己过上更好的生活。就是这种质朴的信念让我一路从北京到东京，再到纽约，一直在不断地尝试和体验，它也成为我的核心算法，让我拥抱挑战和不断精进。

所以，如果你问我："心理能量管理的终极秘密是什么？"

我很可能会告诉你是拥有成长型思维模式。许多成功人士都具备成长型思维模式，比如管理界的传奇人物杰克·韦尔奇（Jack Welch），他能够创造通用电气的经营神话，和他的成长型思维模式密不可分。比如，他会主动接触在一线工作的员工，向他们了解公司状况；他会到流水线上听取工人的意见。杰克·韦尔奇认为，这些工人是他应该尊重和学习的对象。

可以说，拥有成长型思维模式的领导者，他们的世界里充满了积极的能量。无论看待自己还是他人，他们都相信人具有发展潜能。对他们而言，经营公司不是为了突显优越性，而是为了促进自己、员工和整个公司的成长。

拥有成长型思维模式的伴侣也一样充满魅力。在亲密关系中，拥有成长型思维模式的人认为一切都可以培养。他们相信，建立健康长久的亲密关系需要彼此磨合，共同努力。即使两人发生冲突，他们也不会过度解读对方的观点，而是把冲突作为更好地理解对方所需的钥匙，打开心扉，真诚沟通，以构建健康长久的亲密关系。

拥有成长型思维模式的父母不仅会给孩子设定一个奋斗目标，还会给孩子成长的空间。他们尊重孩子的兴趣，重视孩子是否拥有完整的人格，鼓励孩子以自己的方式活得更好。

如何培养成长型思维模式

如何才能让成长型思维模式成为自己的核心算法呢？结合卡罗

尔·德韦克教授的研究成果，再加上我的咨询经验与培训学员的案例总结，我提炼出培养成长型思维模式的 3 个心法。

1. 强调努力，关注过程

一些名人传记往往习惯包装成功人士的故事，仿佛那些人物的成功都是靠个人天赋，和努力关系不大，这样更能凸显故事的传奇色彩，更有营销亮点。但这很容易让我们自叹弗如，并且过度在意结果，而忽视了努力可能会给自己带来的巨大变化。

我一直强调，对于成事，运气和环境的因素固然重要，但我们一定要正视努力的意义。

我们经常讲一句话，叫"尽人事听天命"，在我们努力后如果还不能达到理想的结果，我们确实有必要放过自己，不要一直较劲。但这里有个前提，就是"尽人事"。

所谓"尽人事"，就是真的拼尽全力，在自己能够控制和影响的范围内（控制的二分法原则）穷尽一切可能，这样，即使最后的结果还是不尽如人意，我们也不会纠结和遗憾了。

神奇的是，往往当我们拼尽全力而对结果选择真正放手的那一刻，好的结果通常会不期而至。

当年在海外读 MBA 的时候，对我来说，金融课是最难的一门课，因为我完全没有相关背景，也缺少行业经验，又是全英文授课。授课老师是我的导师，他曾经是全球顶尖银行的高管，对实操分析能力要求很高。我为了攻下这门课，真的是倾尽全力，每天把老师的课程录音，只要有时间就反复听，然后不断地向身边有经验的同学请教老师所讲的模型，一步步推演，直到完全掌握。

在复习的过程中，我更是全力以赴，不放过任何一个知识点，并且在脑海中模拟各种情境如何应对。所以，考试试卷发下来后，我完全进入了答题的心流，4小时的时间一晃而过，交卷时，我感觉自己就像跑了一场马拉松，有一种完全交付的尽力感。那时我知道，不管结果如何，我都可以欣然接受，因为我真的尽力了。

神奇的是，成绩公布，我竟然得了98分的高分，连老师都吃了一惊。我知道，这个结果其实是努力的结果，当然也有运气的成分（比如，我押题基本都押对了方向），即使不是这样的结果，我也会坦然接受，这件事让我明白了"尽人事听天命"的真正意义。我也明白了，不管面临怎样的挑战，只要我全情投入，真正做到了尽人事，最后的结果一定也差不到哪里去。

大才子苏东坡说："古之立大事者，不惟有超世之才，亦必有坚忍不拔之志。"

村上春树并不属于天才作家，他的成功是他长年不懈地专注与努力，再加上主动走出舒适区的结果。为了保持专注，他说："我每天在早晨集中工作三四个小时。坐在书案前，将意识仅仅倾泻于正在写的东西上，其他什么都不考虑。"

仅仅保持专注还不够，还需要耐力。村上春树对此的观点是："继集中力之后，必需的是耐力。即使能一天三四个小时集中意识执笔写作，坚持了一个星期，却说'我累坏啦'，这样依然写不出长篇作品来。每天集中精力写作，坚持半载，一载乃至两载……小说家（至少是有志于写长篇小说的作家）必须具有这种耐力。"

此外，还应通过刻意练习让习惯成自然。"每天必须不间断地写作，必须集中意识工作——将这样的信息持续不断地传递给身体系统，让它牢牢地记住，再悄悄移动刻度，一点一点将极限值向上提升，注意不让身体发觉。这跟每天坚持慢跑，强化肌肉，逐步打造出跑步者的体型是异曲同工的。"村上春树在《当我谈跑步时，我谈些什么》中写道。

正是这样几十年如一日地持续努力和注重过程，村上春树始终能够稳定地创作高质量的长篇小说，并且一次次创作出将文学性与商业性完美融合的畅销作品。村上春树坦言自己不属于才思泉涌的天才作家，而是一个持续努力和终身成长的职业小说家。

如果我们只想着要写一本伟大的长篇小说，这样的大任务很可能把我们吓退。如果我们的注意力不是放在遥远宏大的目标上，而是关注我们每天做什么，选择在自己一天状态最好的时段写几千字，选择关注自己执行的过程，很可能，不经意间，几十万字甚至上百万字的作品就悄然完成了。

就像我对心理能量营的经营，我从来没有设想过自己要招多少人，要运作多久，而是每天起来都会提醒能量营的小伙伴把能量工具践行到生活中。从"好好吃饭，好好睡觉和好好运动"这些小事着手，以正念冥想和刻意练习的方式不断提升自己的觉察力、专注力和积极情绪。不经意间，我已经陪伴这些小伙伴度过了3年多的时间，1000多天，这恰恰是放下对结果的执着，而真正关注过程细节的效果。

2. 拥抱挑战，勇敢试错

拥抱挑战和勇敢试错是培养成长型思维模式的最佳途径之一。拥有成长型思维模式的人最大的特点之一就是能够平和地面对失败，通过解决问题学习和成长，让自己变得更强大。

要想拥有这种对于失败的开放心态，拥抱挑战是最好的刻意练习。以我学英语为例，我并不是一开始就拥有开放心态。最初到国外读MBA时，在课堂上我总是不敢发言，害怕犯低级语法错误，让别人看出自己不专业。我发现，越是害怕，上课就越放不开，导致英语口语能力得不到锻炼。

后来，一位老师提醒我，课堂发言最重要的是表达观点，只要能表达明白，表达方式是否完美根本不重要。我将老师的话听进去了，所以在课堂上，我不管自己是不是真的准备好了，只要觉得有话要说，就勇敢发言，刚开始确实遭遇过冷眼和非议，因为表达得不够流畅。但神奇的是，我一旦真正置身于挑战的环境，自己慢慢沉浸在勇敢表达的状态中，就对犯不犯错这件事情不太在意了。随着挑战次数的增加，我发现自己在课堂上发言的信心与耐心都增强了，我能够更从容地说出自己的观点，不太在意他人的评价，即使偶尔出错也能坦然面对。

勇敢试错，就是通过试错打造正确的闭环，这是不断提升认知水平和补充能量的最佳方式之一。从心理学的角度看，脱敏疗法对应的就是这种情况，它对于治疗社交恐惧症也非常有效。脱敏疗法背后的原理也是引入成长型思维模式，即把每一次挑战和出错都当成促进自己成长的机会，人慢慢就越来越淡定了。

美国临床心理学家阿尔伯特·艾利斯（Albert Ellis）可以说是以勇敢试错治疗社交恐惧症的典范。《如何克服社交焦虑》一书中曾提到，他天性敏感，童年时母亲经常晚归，这使他很担忧，让他变得容易焦虑，与之相伴而来的是害羞。他患有严重的社交恐惧症，怕在公开场合说话，尤其怕和女孩说话，一和女孩说话就脸红，非常紧张。19岁时，他为了挑战自己，花了大约一个月的时间强迫自己在植物园里和100个女孩说话。刚开始，他错漏频出，但他勇敢试错，不断总结和女孩说话的技巧和经验，最后成功克服了怕和女孩说话的心理障碍，并且成为影响全世界的心理学大师。

3.终身成长，延长故事线

日本有一位名叫若官正子的老奶奶，她58岁时第一次接触计算机，81岁时自学编程、开发App，82岁时与苹果公司的首席执行官会见，成为全球年龄最大的苹果应用开发者。回首自己的后半生，正子认为，即使年老，她也在做自己喜欢的事情。有些人不愿意承认自己变老，但是这就像是和夕阳赛跑，她觉得很累。与其与之对抗，不如好好享受黄昏的美好。

卡罗尔·德韦克教授在《终身成长》一书中，在讲述成长型思维模式者时，提到有位叫米兰达的女孩。在她母亲因病去世后，她产生了紧迫感，她说，当你躺在床上快要离开这个世界的时候，你可以说的一句很了不起的话就是："我这一生充分挖掘了自己的全部潜能。"

这些故事都告诉我们一个重要的道理：比起智商和情商，思维模式的差异也许才是人生的分水岭。成功往往是一时的，而成长才是一辈子的，况且没有成长，就不会有真正的成功。这就是终身成长的真谛。只要你拥有成长型思维模式，所有的经历与挫折对你来说都是财富，它们让你不断攀登，甚至登顶，去领略山顶无限美好的风光。只要你能坚持运用这种思维模式，你其实就是在做时间的朋友，会实现时间的复利效应。在这个过程中，你唯一需要做的就是延长故事线，通过不断地提升能量，让自己足够健康长寿，这样你就会有足够多的试错和成长机会。

如果拥有成长型思维模式，你就不会考虑可能失去什么，也不会活在会越过越差的恐惧想象当中。你会问自己：目前有了哪些收获？这些收获能够给自己接下来的人生带来怎样的可能性和精彩？带着这样的心态，你会感到一种发自内心的自在与洒脱。正如心理学家维克多·弗兰克尔（Viktor Frankl）所说："在刺激和回应之间存在一个空间。在这个空间里，我们有能力选择我们自己的反应。通过反应，我们会看到自己的成长和自由。"[①] 愿你也能找到自己的核心算法，活出自由。

---

① 维塔利·凯茨尼尔森：《全情投入：人生最重要的事》，中信出版集团2023 年版。

内驱力：具备 2 种勇气，拥有"奇葩"思维

来找我咨询的很多学员从小就是乖孩子，很在意别人的评价，进入职场也很容易成为好员工，但是容易被外界的评价影响，最终因为外界的评价达不到期待而内耗，痛苦不堪。对于这些学员，我经常告诉他们一句话："要拥有被讨厌的勇气，活出内在的力量感。"

大家都觉得这句话很有指导意义，但是很多人停留在喊口号阶段，并不知道如何在生活中有效践行，不但活不出内在的力量感，还将很多能量都用在内耗上了。下面，我将带领大家学习如何拥有"奇葩"思维。

所谓"'奇葩'思维"，就是敢于特立独行的思维方式。要想拥有"奇葩"思维，需要具备 2 种勇气，用勇气来激发内驱力。有了内驱力，我们在做抉择时就有了可以依托的信念与原则，这种信念与原则本身就能最大限度地引领我们成长与减少内耗。要成为特立独行的"奇葩"，究竟需要哪 2 种勇气呢？

主动认错的勇气

要想成为一个真正的"奇葩"，首先要有主动认错的勇气。这里的主动认错不是讨好式认错，而是避免为了维护自己的正确性而不顾自己的真实利益与需要，在歧路上越走越远的认错。

乔布斯就是这样的"奇葩"，他在公司里是出了名的"反复无常"。比如，他在会议上评价下属的方案一无是处，但是一旦局势变化，当他发现下属的方案的合理性时，他会在会议上坦诚地承认自己的错误，然后采纳下属的方案。

首先，乔布斯为什么会否定下属的方案呢？因为那时的他还没有发现这个方案的优点，这个方案相对于当时的局势来说太超前了，下属可能也不具备把这个方案解释清楚的能力。

但是，他为什么能够及时认错和转变思维呢？因为他看到了这个方案的合理性，明白自己之前过于武断了。认错不丢脸，为了维护自己的正确性而错失良机与核心利益才是真正的愚蠢。这也是我最佩服乔布斯的地方。

要具备主动认错的勇气，就要对错误有一定的容忍度，也就是要拥有成长型思维模式。我们都是普通人，犯错太正常了，不需要有偶像包袱。何况真正的成长都是建立在不断试错的基础上的。如果你能够转变思维模式，明白每次犯错都是自己成长的机会，那么我相信你以后对待错误的方式会有所不同。

知错能改，善莫大焉。对于好面子的人来说，倘若已经意识到自己的错误，即使不能明确承认自己错了，如果能够在行动上给予对方正反馈，并聚焦到如何弥补损失上，也已经具备了"奇葩"思维。

被讨厌的勇气

被讨厌的勇气应该是我最常向学员提到的关键词，因为对许多人而言，作为一路被教导要听话的乖孩子、好员工，有时最需要具备的就是被讨厌的勇气。

什么才是被讨厌的勇气呢？其核心是拥有边界感，敢于捍卫自己的边界，拥有勇敢说"不"的力量。如果说主动认错的勇气是敢于对自己说"不"，那么被讨厌的勇气就是敢于对别人说"不"。

日本哲学家岸见一郎在《被讨厌的勇气："自我启发之父"阿德勒的哲学课》一书中写道："如果是因为你的反对就能崩塌的关系，那么这种关系从一开始就没有必要缔结，由自己主动舍弃也无所谓。"

这句话看似有些夸张，其实对于你建立更优质的人际关系具有指导意义。从心理能量管理的角度看，我们最害怕的就是纠缠不清的关系过度耗费心理能量，如果我们通过真实表达测试一段关系的承压度，就有可能让这段关系更加亲密。

要想拥有被讨厌的勇气，最重要的是明确自己的边界，懂得课题分离。所谓"课题分离"，就是我们要明白当下的事情究竟是谁的课题。因为所有的事情都可分为"我的事情"和"别人的事情"，我们只能控制"我的事情"，尝试着去改变它，而对于"别人的事情"，我们所能做的就是接纳。

课题分离对于心理能量管理同样适用。对于内生能量的部分，我们要扎扎实实地夯实能量的基本盘；但对于外生能量的部分，我们能做的是看懂规律，顺势而为。

课题分离的目的是明确边界，既捍卫自己的边界，处理好自己的课题，也不轻易侵犯别人的边界，介入他人的课题。那么，如何才能有效捍卫自己的边界呢？

美国心理学家、自恋心理与关系研究专家尼娜·布朗（Nina Brown）教授对于个人边界的类型和特点有专门和深入的研究。布朗教授认为，个人边界是我们在心理、情感和身体上与他人之间的无形界限。健康的边界能够帮助我们保护自我、维持独立性，同时与他人建立良好的联结。她将个人边界分为以下四种类型，我简单总结如下。

1. 柔软型边界

- 特点：

▷容易被他人的需求、情绪或意见影响

▷难以拒绝他人，常常牺牲自己的需求来满足他人

▷容易感到被操纵或被控制

- 成因：

▷成长过程中缺乏被尊重或被支持的经历

▷过度关注他人的评价，害怕冲突或拒绝

• 影响：

▷可能导致情感耗竭、低自尊和人际关系中的不平等

2.刚硬型边界

• 特点：

▷过度封闭，拒绝与他人建立深层次的情感联结

▷难以信任他人，倾向于独立解决问题

▷在情感上显得冷漠或疏离

• 成因：

▷可能源于过去的创伤

▷对亲密关系感到恐惧或不安全

• 影响：

▷可能导致孤独感、人际关系疏离和情感隔离

3.海绵型边界

• 特点：

▷在柔软型边界与刚硬型边界之间摇摆不定

▷有时过度开放，容易被他人影响；有时又过度封闭，容易拒
  绝他人

▷缺乏一致性，难以预测

• 成因：

▷对自我需求和他人的需求缺乏清晰认知

▷可能源于不稳定的成长环境或矛盾的情感经历

- 影响：

▷可能导致人际关系混乱和内心矛盾

4.灵活型边界

- 特点：

▷能够根据情境和对象灵活调整边界

▷既能保护自我，又能与他人建立健康的联结

▷能够清晰表达自己的需求和底线，同时尊重他人的边界

- 成因：

▷成长过程中得到足够的尊重和支持

▷具备较高的自我认知和情感调节能力

- 影响：

▷有助于建立健康、平衡的人际关系，提升自我价值感

通过以上的梳理不难看出，布朗教授认为最为健康和有弹性的边界类型是灵活型边界，人拥有灵活型边界是一种高自尊和高情商的表现。那么，如何才能成长为拥有灵活型边界的成熟个体呢？

布朗教授给出了这样的行动建议，我们不妨借鉴一下。

1.增强自我觉察

- 练习自我反思：定期反思自己的情感反应和行为模式，识别哪些情境下边界容易被侵犯。问自己："我为什么感到不舒服？我的需求是什么？"

- 记录体验：记录日常生活中边界被侵犯的情境，分析自己的反应和他人的行为。

2. 学习说"不"

- 练习拒绝：从小事开始练习拒绝，例如拒绝不必要的请求或邀请。使用清晰、直接的语言表达自己的立场，例如"我不能这样做，因为……"或"我现在没有时间"。
- 克服内疚感：认识到说"不"是保护自己的一种方式，而不是自私的表现。

3. 明确表达需求

- 使用"我"语句：用"我"开头的句子表达自己的感受和需求，例如"我感到不舒服，因为……"或"我需要一些时间独处"。
- 设定底线：明确自己的底线，并在他人越界时坚定地表达出来。

4. 逐步调整边界

- 从小事开始：在低风险情境中练习调整边界，例如与朋友或同事的互动，逐步扩展到更复杂的情境。
- 灵活应对：根据情境和对象调整边界的松紧程度，避免过度僵化或过度开放。

5. 增强情感独立性

- 减少情感依赖：学会独立处理自己的情绪，而不是过于依赖他人来满足情感需求。通过冥想、写觉察日记或运动等方式增强自我调节能力。

- 建立支持系统：与理解和支持自己的人建立联系，减少对单一关系的依赖。

6. 处理情感操纵

- 识别操纵行为：学习识别常见的情感操纵手段，例如内疚诱导、威胁或沉默对待。

- 坚定立场：在操纵者试图越界时，坚定地维护自己的边界，避免妥协。

7. 寻求专业帮助

- 心理咨询：如果边界问题严重影响生活，可以寻求心理咨询师的帮助。通过治疗探索边界问题的根源，并学习更健康的应对方式。

从布朗教授的分析和研究成果中不难看出，不管我们现在拥有哪一种边界类型，其实我们都有成长与转变的可能。通过增强自我觉察、学习说"不"、明确表达需求、逐步调整边界、增强情感独立性、处理情感操纵和寻求专业帮助，个体可以从柔软型、刚硬型或海绵型边界转变为灵活型边界，从而建立更健康、更平衡的人际关系。

成长不是一蹴而就的事情，心理能量的提升也同样如此。当我们通过刻意练习，能够更敏锐地觉察自己的需求，并明确地表达出来时，我们的边界就会变得越来越清晰，在人际关系中也能不断减少内耗，一步步成长为拥有灵活型边界的高效能人士。

以终为始：用人生 OKR 找到个人使命

前面讲到要事第一的原则，我的很多学员在践行这一原则时还是困惑，觉得要确定什么是生命中最重要的事情有难度。关于这一点，乔布斯给了我们一个指导原则，他在斯坦福大学演讲时说："'记住你即将死去'是我一生中遇到的最重要的箴言。它为我指明了生命中重要的选择。因为几乎所有一切——所有外界的期望、所有骄傲、所有对难堪或失败的恐惧——在死亡面前都会消散。我看到的是留下的真正重要的东西。'记住你即将死去'是我所知避免陷入患得患失陷阱的最好办法。你已经一无所有，没理由不追随本心。"

这就是乔布斯的观点。他从 17 岁开始，会在每天早晨对着镜子问自己："如果今天是你生命中的最后一天，你会不会完成你今天想做的事情呢？"当答案连续多天是"不"时，他知道自己需要改变某些事情了。这个习惯他坚持了很多年，引领他遵循生命的极简原则和真正专注于生命中最重要的事情。

乔布斯的这个方法就是"以终为始"，又称"向死而生"。管理学大师史蒂芬·柯维通过对很多高效能成功人士进行研究发现，这些人都有"以终为始"的习惯，会认真地思考什么是生命中最重要的事情，甚至已经写好了墓志铭。

《论语》有言："未知生，焉知死？"在这里，我们可将其反过来："未知死，焉知生？"当我们真正开始关注死亡时，我们思考生命的维度忽然就变得不一样了，很多曾经在意的小事、纠结的关系忽然变得不再重要。这也是"'奇葩'思维"中被讨厌的勇气的力量来源。当我问学员："如果今天是你生命中的最后一天，你希望和谁一起度过？"他们都毫不犹豫地选择了家人。很多人说，如果知道自己时日无多，他们不愿意再浪费时间去操心孩子的成绩、纠结伴侣的缺点，而是会珍惜每一个当下，带着感恩的心与他人相处。尽管这是在有些极端的角度下的考量，但至少给了他们一个新的思考维度。

以终为始的两项原则

有没有有效的方法可以帮助我们在具体的生活中落实"以终为始"呢？管理学大师史蒂芬·柯维在《高效能人士的七个习惯》中概括了"以终为始"的两项原则。

"以终为始"的第一项原则是"任何事都是经过两次创造而成的"：第一次创造，即在脑海里的构思、愿景和目标；第二次创造，即付诸实践。个人、家庭和组织在制订计划时，均需先拟出愿景和目标，并据此塑造未来，专注于自己最重视的原则、价值观、关系及目标，不忘初心。

亲密关系也是如此，在我的工作坊中，我经常会让学员写下自己在亲密关系方面的目标，并针对这个目标去构建画面，这个画面越具体越好。比如，如果你看重的是"理解"，那么理解对你而言意味着什么？是累了一天回到家里，伴侣给你泡一杯热茶，然后给你一个深情的拥抱？是你不停吐槽公司里的事情，伴侣始终能够耐心倾听，并对你回以理解的微笑？或者是当你遭遇挫折需要找个肩膀哭泣时，伴侣第一时间为你提供宽厚的肩膀与温暖的抚慰？……如果你在脑海中完成了第一次创造，并且能够清晰地向对方传达，那么付诸实践的可能性就会大很多。

因为任何事都是经过两次创造而成的，这里就涉及一个问题——你是主动设计，还是被动接受？理想的状况当然是主动设计自己的人生剧本，并且遵照执行，活出自己想要的人生。但是，现实中，一些人很容易随波逐流，他们并没有主动设计自己的人生剧本，而是让外部环境、他人安排或者旧有习惯限定自己的人生剧本，而自己只能被迫接受。

这就引出了"以终为始"的第二项原则——做好自我领导，设计好自己的人生剧本。

这里的领导不同于管理，领导是思想层面的，更关注高层，考虑的是"我想成就怎样的事业"；管理则是行动层面的，更侧重于基层，考虑的是"怎样才能有效地把事情做好"。

"以终为始"的关键点在于成为自己的第一次创造者，基于自我意识、良知和想象力等主动设计自己的人生剧本，而非任由自己受外界环境影响。

史蒂芬·柯维的方法偏向理论性质，在具体操作层面，根据我自己的心理能量管理经验，我更推荐一个非常实用的管理学工具——OKR，它能帮助我们把"以终为始"的两项原则落到实处。

什么是OKR

什么是OKR？ OKR全称为"objectives and key results"，中文全称是"目标与关键成果法"，它是一套明确和跟踪目标及其达成情况的管理工具和方法。

我对OKR的使用源自跨界大师吴军老师，他是典型的高效能人士，不仅在科技领域颇有建树，还投资、写书、讲课、环游世界，生活精彩纷呈，这一切都因为他可以高效自我领导。他以前在谷歌做高管，一直使用OKR来完成自我领导和团队管理。

吴军老师介绍，谷歌员工的目标和关键成果都会展示在个人网页上，内容约占半页纸，大家都可以看到。每季度结束时，每个人会给自己的目标达成情况打分：目标达成了，得1分；目标部分达成，得0 ～ 1分。

谷歌强调每个人制定的目标要有挑战性，因此如果一个人的目标达成情况的得分总是1分，这并不能说明他工作出色，而是表明他将目标定得太低。大部分情况下，大家的得分为0.7 ～ 0.8分。

当然，每季度开始时的想法和后来完成的任务可能会有差异，早期没有想到的事情后来可能做了。因此，在总结季度工作时，可以增加当初没有制定的目标，对于不打算达成的目标，或者已经过时、不再有意义的目标，不能直接删除，而是应当说明为什么不打算达成。

如何设定目标和确定关键成果

了解了什么是 OKR，下面我们来看如何设定目标和确定关键结果。

1. 如何设定目标

在 OKR 中，"O"是对驱动组织或个人朝着期望方向前进的定性追求的一种描述，它是简洁的、描述性的，需要符合组织的现实，且具有挑战性。由于 OKR 具有激活的价值，因此"O"必须鼓舞人心。

如果联系"以终为始"的思维，我推荐使用史蒂芬·柯维在《高效能人士的七个习惯》中提到的"个人使命宣言"作为工具。

个人使命宣言相当于我们个人的行为准则，是我们内心秉承的原则，既可以成为我们做关键决策的依据，也可以成为我们面对不断变化的环境做日常决策的基础。

史蒂芬·柯维告诉我们，制定个人使命宣言必须从影响圈的核心开始。我们需要利用自我意识检查我们的地图或思维方式是否符合实际，是否基于正确的原则；利用良知作为罗盘来审视我们独特的聪明才智和贡献手段；利用想象力制定我们所渴求的人生目标，确定奋斗的方向和目的。我们依托的核心是以下 4 个要素的源泉。

- 安全感：代表价值观、认同、自尊自重、情感的归属与拥有个人的基本能力。
- 人生方向：生命的追求方向以及做决断所依据的准则和内在标准。
- 智慧：代表对生命的认知、对平衡的感知和对事物间联系的理解，包括判断力、洞察力和理解力。
- 力量：指采取行动、改掉旧习、达成目标的能力，做出抉择的关键性力量。

这四者相辅相成，安全感与明确的人生方向可以带来真正的智慧，智慧则能激发力量。若四者达到平衡，且协调发展，便能孕育高尚的人格、平和的个性与完美的个体。

到了这一步，或许你还是一头雾水，对于原则很清楚，那如何把这些原则变成相对具体的目标呢？

这里柯维教授又给出一个建议，那就是根据你在生活中扮演的不同角色，一一对应地列出不同角色基于原则制定的目标。

在事业上，你可能扮演业务员、管理人员、产品开发人员的角色。在生活中，你或许是妻子、母亲、丈夫、邻居、朋友。其余种种角色，也都各有不同的期待与价值标准。

他以一位企业主管的人生目标为例：

我的使命是堂堂正正地生活，并且对他人有所影响，对社会有所贡献。

为达成这一使命，我要求自己：

- 有慈悲心——亲近人群，不分贵贱，热爱每一个人。
- 甘愿牺牲——为人生使命奉献时间、才智和金钱。
- 激励他人——以身作则，证明人为万物之长，可以克服一切困难。
- 施加影响——用实际行动改善他人的生活。

以下是这位主管达成人生使命过程中的各种角色的扮演状况：

- 丈夫——妻子是我这一生中最重要的人，我们同甘共苦，携手前行。
- 父亲——我要帮助子女体验乐趣无穷的人生。
- 儿子／兄弟——我不忘父母、手足的亲情，随时对他们伸出援手。
- 邻居——我要和善对待他人。

- 鼓舞人心者——我能激发和催化团队成员的优异表现。
- 学者——我每天都学习很多重要的新知识。

这位企业主管根据角色区分来确定个人使命宣言的方式值得借鉴，在"要事第一"的确定过程中我们也同样需要用到这种方式。

一旦确定主要的人生角色，你就能清楚地掌握全局。接着，你还要制定每个角色的长期目标，这些目标必须反映你真正的价值观、独特的才干与使命感。你需要考虑你在生活中的主要角色和目标如何与你的使命宣言结合起来。

比如：

- 伴侣——做一个忠贞、真诚、善于倾听与善解人意的伴侣。
- 父母——做一个开明、尽责和有智慧的家长。
- 子女——做一个孝顺、有耐心但又边界清晰的子女。
- 管理者——做一个有领导力、能够有效完成工作，并带领下属成长的管理者。
- 朋友——做一个提供支持、可靠、值得信赖的朋友。

因为角色和目标围绕使命展开，所以你会处在正确的大方向上。

2. 如何确定关键成果

设定了正确的目标，下一步就是确定关键成果。确定合理的关键成果需要遵循 SMART 原则，这也是管理学中非常实用的工具，对我们的能量管理目标的设定很有帮助。SMART 原则的具体内容如下。

具体的（specific，S）：目标应是具体的，比如"我要跑步 5 公里"，而不是"我要运动"。

可衡量的（measurable，M）：目标应是可以量化的，如运动量与工作量。

可实现的（attainable，A）：目标应该根据实际情况来定。比如你从未进行过长跑，你就不能将目标设定为一个月内完成马拉松比赛，而应先让自己成为一个跑者。

相关的（relevant，R）：需要与目标紧密相关，可供领导者或者周围的人检查与反馈。

有时间限制的（time-bound，T）：目标应有时间限制，这样才有定期检查和调整的可能，最后才能被客观评估。

我们的关键成果应是具体的、可衡量的、可实现的、与目标相关的，并有一定时限的。OKR 鼓励我们走出舒适区，挑战一些自己能力范围之外的事，但是这并不代表让我们去做不可能完成的事情。

从实际运用看，我建议大家设定的目标不超过 5 个，每个目标设定的关键成果不超过 4 个。

为什么呢？因为 OKR 强调的是聚焦目标，如果我们的目标和关键成果设定过多，就难以清晰地把握它们，尤其是关键成果。很多人一开始会把自己的工作任务都当作关键成果，这会造成工作重点模糊，不能做到要事第一。

其实，写墓志铭就是对 OKR 的运用，只是把时间线拉长了：它让你明确自己这一辈子要达到的目标以及获得的关键成果是什么，让你不被那些无关紧要但是在特定情境下看上去非常重要的结果牵扯，以至于完全忘记了自己的目标。所以，写墓志铭是一种提升自己认知水平的具有前提性、预设性的方法。有了关于目标和关键成果的意识，你就能清楚自己现在的状况与目标之间的距离，也就清楚了哪些是真正值得写下来和需要用闭环来检验的内容。

如何利用 OKR 创造愿景

我将利用自己的例子向大家介绍如何利用 OKR 创造愿景，并且引领大家一起完成自己的年度计划。

我在这里列出了 3 个关键目标（分别代表我扮演的 3 个关键角色——工作者、个人、伴侣），并且列出了相应的关键成果——最好不超过 4 个，否则我们会失去焦点。

×××× 年 OKR

目标 1：完成与心理能量管理相关的写作、培训与推广计划，
　　　　并出版 1 本书。

- 关键成果 1：坚持写至少 100 篇（每周 2 篇，每篇 3000 字）微信公众号文章。

- 关键成果 2：根据市场需求完成 1～2 门线上精品课程的录制。

- 关键成果 3：全年咨询时间达到 600 小时以上，并完成 4 场线下授课。

- 关键成果 4：至少出版 1 本关于亲密关系或心理能量管理的书。

目标 2：自我能量管理。

- 关键成果 1：全年累计跑 600 公里。

- 关键成果 2：全年累计游泳 50 公里。

- 关键成果 3：全年正念练习的时间达 400 小时。

目标 3：陪伴家人。

- 关键成果 1：和爱人策划 1 次为期 1 周的蜜月纪念游。

- 关键成果 2：策划 1 次为期 2 周的欧洲自由行。

- 关键成果 3：与爸爸、姐姐们完成 1 次为期 7 天的旅行。

我们再来了解一下如何用"以终为始"的思维明确方向。

（1）写出墓志铭，可以对其进行阶段性调整。

（2）确定自己的人生关键角色和目标。

（3）根据目标确定关键成果。

在 OKR 的引领下，我们有了动机去实现愿望。让我们一起用 OKR 找到个人使命！

第四章

关系能量：避免内耗，相互滋养

心理学家阿尔弗雷德·阿德勒（Alfred Adler）认为，一切烦恼皆源于人际关系。尽管这看起来稍显绝对，但不可否认的是，关系能量确实是心理能量管理的重点。

积极且具有支持性的人际关系，如深厚的友谊、和谐的亲密关系，以及良好的合作伙伴关系，能够赋予个体安全感、满足感和归属感，为个体提供情感支持，帮助个体提升自我价值，进而增强个体应对挑战的能力。

然而，人际关系也可能成为能量消耗的渠道。无论是冲突、误解还是批评、排斥或操纵，这些负面互动都可能导致个体的能量损耗。长期处于消耗性人际关系中的个体，可能会感到心力交瘁、精力枯竭，甚至产生焦虑和抑郁等负面情绪。

在本章中，我将从亲密关系、关系博弈、第 3 选择、隔离消耗 4 个角度介绍如何从外部获得心理能量，以及如何避免能量损耗。

亲密关系：长寿健康的核心密码，人生幸福大厦的关键支撑

冰心说："一个美好的家庭，乃是一切幸福和力量的根源。"作为一名亲密关系咨询师，我曾见证大量家庭的悲欢离合，也帮助众多家庭打通情感沟通的通道。在这个过程中，我有一个很深刻的感悟："家和万事兴"确实是至理名言。良好的亲密关系的确是稳定心理能量的基本盘，需要我们用心管理。

关系质量决定幸福程度

亲密关系在我们的人生中究竟有多重要？我向大家分享史上耗时相当长的幸福学实验——"格兰特研究"的成果。1938 年，哈佛大学医疗机构负责人阿利·博克（Arlie Bock）发起了"格兰特研究"。基于医学记录、学业成绩和哈佛大学的推荐，研究团队选取了 268 名哈佛大学的学生作为研究参与者，他们体格健壮，心理健康，学习成绩优良，堪称完美（其中很多人都取得了事业成功）。

与"格兰特研究"并驾齐驱的"格鲁克研究"则由美国犯罪学

家谢尔顿·格鲁克和埃利诺·格鲁克（Sheldon & Eleanor Glueck）夫妇主持，研究参与者为 456 名出生于波士顿附近贫困家庭的年轻人。他们中的大部分人住在廉租公寓里，有的家里甚至连热水也没有，受教育程度不高，父母也没什么文化。

后来，这两个项目合并，724 名研究参与者被全面追踪分析。每隔 2 年，这批人都会收到调查问卷，他们需要回答自己的身体是否健康，精神是否正常，婚姻质量如何，事业成功与否，退休后是否幸福等。研究者根据他们完成的问卷给他们分级，E 代表情形最糟，A 代表情形最好。每隔 5 年，专业的医师会评估他们的身心状况。每隔 5 ~ 10 年，研究者还会亲自拜访他们，通过面谈更深入地了解他们目前的家庭关系、收入、人生满意度，以及他们在当前的人生阶段是否适应良好。

这个项目持续了 70 多年，项目主管也更替了 4 次。研究结果表明，研究参与者的幸福感和他们与周围人的关系质量具有明显的正相关关系。也就是说，无论受教育程度如何，决定研究参与者的幸福感的都是他们与周围人之间的关系，并且关系质量决定了其幸福程度。

研究表明，那些与家庭成员更亲近的人、更爱与朋友和邻居交往的人，会比那些不善交际、离群独居的人更快乐、健康和长寿。相对而言，那些"被孤立"的人，中年时，健康水平下降得更快，大脑功能衰退得更快，也没那么长寿。

一言以蔽之，人要活得比较幸福，需要有深度的关系，尤其是深度的亲密关系。良好的亲密关系是相互成全、相互滋养的。作为一个从高质量的亲密关系中获益良多的人，我热切地想告诉你："高质量的亲密关系是打开幸福人生之门的钥匙。"

高质量的亲密关系带来的收获

我在自己高质量的亲密关系中至少有 3 点收获。

1. 成为更好的自己

亲密关系最大的魅力在于它能让你成为你意想不到的自己，你会惊叹自己竟然还可以变成这样。就我来说，我和妻子不仅有地域差异，也有民族差异（她是朝鲜族），更有原生家庭的差异，但我们竟然可以把这些差异统统克服，经营了一段还算不错的亲密关系。

当然，这个过程绝对不是一帆风顺的。十几年间，我和妻子没少经历争吵，幸运的是，很多争吵都成了我们深入了解彼此与自我的催化剂。我们从不回避冲突，也愿意坦诚地面对彼此。其间，出于各自发展的原因，我们也经历过异地恋（甚至有半年都不在同一个国家），但是我们的感情没有因此变淡，我们每天沟通时还是有聊不完的话题。我们会争吵，但不会留下"隔夜仇"，冷静一下又会想起对方的好。

在这个过程中，我不得不感激妻子的信任与宽容。在分开的日子里，她不会每天打电话来询问我身在何处；在一起生活时，她也从来不会翻看我的手机与私密信件，对于找我咨询与求助的女性来访者较多的事实她也表示理解。因为她的这份信任，我也更珍惜对自由的"使用"。我越发明白亲密关系中信任是易碎品，我应该悉心呵护，不能因为自己的疏忽而亲手破坏这份信任。因为被妻子尊重与信任，我的责任心与使命感进一步增强。

在冲突的处理过程中，我也越发明白原生家庭对我的影响。我以为自己接受了多年的高等教育，不会像我的原生家庭成员那样存在脾气火爆、控制欲强等问题，但是我发现自己在与妻子发生激烈争吵时，我仿佛回到了童年时代，变成了自己讨厌的样子。有了这种觉察后，我开始真正面对自己的童年创伤，也开启了内心的成长之旅。这些改变让我跳出以前设计好的"好孩子"剧本，成为更好的自己，这是我人生中最精彩的部分，也是高质量的亲密关系带给我的最大财富。

2. 获得冒险的勇气

高质量的亲密关系给我带来的最好的礼物是安全感。我的母亲在我 9 岁时身患癌症去世了，父亲下岗和生活的困窘让我早早地体验了人情冷暖，所以我的危机意识特别强。正因如此，我在明确知道自己很喜欢做销售工作的情况下选择了继续攻读硕士学位，并在明确感觉自己更擅长做律师的情况下选择了去法院工作。但是，在亲密关系的滋养下，尤其是在得到妻子的理解与全力支持后，我最终选择了放弃在法院的工作，在连一句日语都不会说的情况下和她在日本开始了新的生活。

这种冒险的勇气来自对妻子的信任，也源于安全感的获得。因为我知道她不会因为我目前的收入高低而对我转变态度，她珍视我的梦想，也相信我的潜能，愿意陪我在实现梦想的路上承受一定的风险。我也开始克服自我怀疑与回避风险的本能，让自己更开放，学会拥抱生活的不确定性，让自己在实践中变得强大。正如导演李安在家里做了6年"家庭主夫"不但能保持感情稳定，而且能一鸣惊人，这背后既有他妻子的全力支持与包容，也有他自己的不断精进与厚积薄发，二者缺一不可。

总之，高质量的亲密关系让我更懂得欣赏妻子的可贵之处，也更敢于挑战自己，更有勇气与动力去做自己真正喜欢和擅长的事情。

3. 学会了包容

婚姻是妥协的艺术。高质量的亲密关系真正教会了我如何理解与包容妻子。其实，包容妻子也是一个与自己和解的过程。

正如卡尔·荣格（Carl Jung）所认为的，我们的外部境遇是内心世界的向外投射。确实，反观自己，我苛责自己时，也往往是我对妻子最为挑剔的时候。所有的争吵其实均源于我们内心的伤痛，而彼此的旧伤让我们在争吵时又变回了童年时那个受伤的小孩。当我跳出"投射"与"认同"的游戏，开始真正学会去接纳自己的"阴影"部分时，我发现我对妻子的爱便会自然浮现，对抗的情绪也随之消散。

因为婚姻对我的磨炼，我终于学会了与自己和解，整个世界在我的眼中变得可爱，我感受幸福的能力也在不断增强。

因为互相包容与欣赏，我与妻子越放下想改变对方的执着，越能发现对方身上的优秀品质在时间的打磨下变得熠熠生辉。尽管我们已经算是老夫老妻了，但妻子还是会问："你爱我吗？""爱！"（这绝不能含糊。）"那你究竟爱我什么呢？"此时，我知道妻子又希望我把她夸一遍。

曾经有一段时间，我对此有点不耐烦，觉得这些问题我已经回答过好多次了。但是，我开始更多地关注沟通心理后，明白不能只是默默地欣赏与感谢伴侣，一定要大声地说出来，并且要让其成为生活习惯，这样我们才不会在与伴侣发生冲突与争吵时因气昏了头而做出让自己后悔的事情。

我从男性的角度分享自己在亲密关系中的收获，是期待大家能对拥有良好的亲密关系多一点信心，对冲突与问题多一点耐心，因为任何一段良好的亲密关系都是双方用相互包容与共同成长慢慢培养出来的。

正如《小王子》里的小王子在遇到玫瑰园时的经典独白："你们很美，但你们是空虚的……然而对于我来说，单单她这一朵，就比你们全体都重要得多。因为我给浇过水的是她，我给盖过罩子的是她，我给遮过风障的是她，我给除过毛虫的也是她。我听她抱怨和自诩，有时也和她默默相对。她，是我的玫瑰。"

如何拥有高质量的亲密关系

如何才能拥有高质量的亲密关系呢？

美国的约翰·戈特曼（John Gottman）在他的"爱情实验室"里花几十年研究了几千对伴侣的相处模式和亲密关系后提出观点——在最稳固的婚姻中，丈夫与妻子彼此间深度融合，他们不只是一起生活，还支持彼此的愿望与抱负，为他们的生活融入共同的目标。

约翰·戈特曼在他的著作《幸福的婚姻》中提到的拥有幸福婚姻的七大法则，总结起来就是彼此融合、互相欣赏、共同经营、愿意改变、容忍冲突、求同存异和分享意义。我建议有兴趣的读者去读读这本书，也欢迎大家读读我的《亲密关系管理：如何理性应对亲密关系中的冲突》一书，书里对亲密关系管理的方法有详细的论述。

限于篇幅，我将上述原则总结成一句话，那就是"爱在日常生活的细节中"。比如，每天与伴侣道别之前至少能记住一件其当天要做的事情，愿意跟进事情的进展；每天都向伴侣真诚地表达喜爱和欣赏；认真倾听对方的心声，然后表达自己的理解……这些都是小事，但它们也是支撑婚姻大厦的坚实的柱子。

说起来容易，要做到深度融合和长时间地彼此欣赏真的太难了。加拿大婚姻大师克里斯多福·孟（Christopher Moon）也说，尽管每个人都幻想能永久地生活在热恋阶段，无奈的是，幻灭期终会到来，没有一段关系能够幸免。激情退去，梦醒时分，对方的问题开始不断暴露，我们对爱情的想象遭遇冰冷的现实，对方在我们眼里，从怎么看怎么喜欢变成了怎么看怎么厌烦，很多亲密关系也基本在这个阶段结束。

我的很多情感修复工作也都是针对处在幻灭期的夫妻的，他们对现实相当不满，对未来充满担心，但是他们的感情还在，他们的孩子还小，如果家就这样散了，他们会觉得不甘心。怎么办？约翰·戈特曼继续给我们支着儿：

解决婚姻冲突的唯一方法是夫妻相互妥协。假设你处在一段亲密且充满爱意的婚姻关系中，即使你和伴侣都坚信自己是对的，你们中的一方也都不能完全按自己的方式来处理事情，因为这种做法会导致不公，从而破坏你们的婚姻。

但是，妥协谈何容易，如果自己妥协，对方会不会得寸进尺？自己凭什么是受委屈的一方？当我们的内心充满委屈时，其实这恰恰代表那些未曾被满足的童年渴望被激活了，我们可能带着童年创伤走进了亲密关系，渴望通过伴侣获得被无条件地爱和包容的感觉。但是，童年创伤又会让我们浑身带刺，随时竖起保护自己的藩篱，当对方知难而退时，我们就会认为对方不够爱自己，但其实拒绝爱情、推开对方的恰恰是我们自己！

这就是亲密关系经营中最难的课题。我们可能会与性格、喜好和成长背景与自己迥异的人走进一段亲密关系，带着童年创伤，渴望对方是那个能抚平自己内心创伤的灵魂伴侣。一旦愿望未被满足，我们在童年时受伤的感觉就被激活，而我们把这笔账全部算到了对方的头上。

我们认为是对方搅乱了自己的生活，觉得自己所托非人，觉得换一个人才能解决问题。有些人冲动结束了婚姻，然后投入新的婚姻，但是发现同样的模式又开始出现……这时，他们真的迷茫了……

如果你对亲密关系的 4 个阶段（绚烂、幻灭、内省、启示）有所了解，你就会知道，如果能带着觉察渡过幻灭期，很可能会迎来成长中最为重要的时期——内省期。内省期是自我反省与自我承担的阶段，在此期间，你不再纠结于对方的问题，而是开始从自己身上找原因，了解自己内在模式的问题。比如，你会开始反思，自己的内在模式究竟是怎样的，自己在亲密关系中面临冲突时应该承担什么样的责任，以后自己有没有可能改变……这个阶段是成长与关系重建中最为关键的一个时期。

如果你有了这样的觉悟，那么你就真正明白了一段亲密关系在成长过程中的特殊意义。如果你和伴侣都有了这样的觉悟，那么你们很可能会迎来你们亲密关系的全盛时期。

记住，你需要像管理存款一样管理婚姻，让爱情的储蓄账户始终保持余额充足，永不透支。因为高质量的亲密关系是人生幸福的关键支撑，也是你的心理能量的加油站。愿你能用心经营好自己的亲密关系，表达爱，分享感受，与伴侣实现真正的融合，让亲密关系成为通往彼此灵魂的桥梁。

关系博弈：慷慨地针锋相对，用弹性思维经营关系

对于关系的处理，我们既强调以和为贵，给人留面子，做事留有余地，也强调"亲兄弟，明算账"，即依据规则减少摩擦。不少学员很困惑：与人相处与合作时，到底是情感（面子）优先，还是利益（里子）优先？到底是人情更重要，还是规则更重要？

作为有法律从业背景的心理能量管理师，对这个问题我系统地思考过，并且也在实践中尝试了各种相处方式，总结并提炼了自己的心理能量管理的方法论。我的心得是，"掌握慷慨地针锋相对的博弈原则，用弹性思维经营关系"是最为节省心理能量的方法。

如果两个人需要长期打交道，就需要有明确的规则，这样可以增强双方行动的方向性与确定性，避免彼此猜忌，造成内耗。但规则并不是天然形成的，而是彼此通过碰撞与摩擦慢慢摸索出来的。碰撞与摩擦很容易造成冲突，这就需要我们拥有博弈思维，把冲突限定在合理可控的范围内。

要想成为关系博弈的高手，既能通过高效合作获得外部资源，同时也能让合作双方感受到公平与合理，我们就要在面对冲突时找准自己的关键利益，同时明确对方的利益诉求，并且敢于直面冲突

和有效化解冲突，用创造性合作的方式使双方利益最大化，从而最大限度地补充心理能量。

换言之，要想成为关系博弈的高手，就要有敢于直面现实、勇敢捍卫自己的利益与边界的勇气，在与人相处和博弈的过程中把内在力量的提升彰显出来。

用最佳博弈策略处理关系，获得更多的关系自由

很多来找我咨询情感问题的学员可能都有印象，我经常关注他们的财产分配和处置问题，并建议他们在解决情感问题之前拥有掌控财产的主动权。这就是多年法律从业背景带给我的最大财富——不能只从美好的期待出发，觉得对方会满足自己的要求。只有当你能够直面人性的阴暗面，能够对最坏的结果做好准备，用理性博弈思维处理关系问题时，你才能获得更多的关系自由。

这里给大家介绍一下我在耶鲁大学学到的最佳博弈策略。这个策略是由沃顿商学院的管理学大师亚当·格兰特（Adam Grant）教授通过多年的实战研究总结出来的。他发现在多次的博弈中，最佳博弈策略是"慷慨地针锋相对"，也就是"对合作心怀善意，对背叛针锋相对，对求和慷慨包容"。具体如何理解呢？

比如，在博弈过程中，你选择信任对方并非常坦诚地与之合作，同时通过合同明确了违约的后果。如果对方并未遵守约定，在这种情况下，你是否有必要采取反击措施呢？大量的实例研究证

明，反击是必要的。你可以坚决地让对方承担合同中约定的违约责任，也可以选择终止合作关系。通过此类互动，对方知道了你的底线，也明白自己在不遵守约定的情况下将付出巨大的代价。

接下来，对方有可能选择妥协，期望与你重新建立合作关系。那么，你是否应该选择宽恕并继续合作呢？从最佳博弈策略的角度看，我建议你选择宽恕，重新回到合作的模式中，因为你已经让对方看到了违约的代价，所以对方从考虑成本收益的角度出发，不会再轻易挑战你的底线。这在商业合作中非常常见，一些知名商业人士都有运用它的能力。

乔布斯和迪士尼从合作到停止合作再到合作的过程就是这一策略的最佳例证。从20世纪90年代开始，迪士尼的动画事业一度陷入了低谷，由乔布斯领衔的皮克斯的动画事业蒸蒸日上，尤其是皮克斯推出了世界上第一部完全由计算机制作的动画电影，也就是大名鼎鼎的《玩具总动员》上映后，很快刷新了动画电影的票房纪录。当时，迪士尼的动画电影都是通过手绘制作的，而皮克斯已经开始使用计算机制作动画电影了。要想跟上时代的脚步，迪士尼必须与皮克斯合作。

几经谈判，迪士尼的确与皮克斯展开了合作。双方合作的方式是，皮克斯负责制作动画电影，迪士尼负责发行。两家公司在合作得最好的那段时间推出了很多非常有名的动画电影，这些动画电影也屡次刷新了票房纪录。随后，两家公司之间的合作却出现了裂痕，双方因为利润分成的问题起了争执。乔布斯提出要和迪士尼共享影片的版权，但是被迪士尼当时的首席执行官迈克尔·艾斯纳（Michael Eisner）拒绝了，从此双方在版权问题上有了隔阂。随着隔阂越来越深，乔布斯感受到了明显的不公平甚至是背叛，最后完全与迪士尼撕破脸。迈克尔嘲笑皮克斯制作出来的动画人物"很可怜"，被激怒的乔布斯采取了"针锋相对"的反击措施，发表公开声明：以后永远不和迪士尼合作。乔布斯还说："真遗憾，迪士尼不能参与到皮克斯未来的成功当中了。"

和皮克斯闹翻后，迪士尼的动画事业又开始走下坡路了。雪上加霜的是"9·11事件"发生后，美国的旅游业遭到重创，这让迪士尼乐园的收入开始大幅下降。迪士尼陷入巨大的危机。2005年，罗伯特·艾格（Robert "Bob" Iger）临危受命，成为迪士尼的新任首席执行官。艾格上任后，进行了一系列大刀阔斧的改革，尤其是重启和皮克斯的合作。而在这个过程中，乔布斯并没有因为当年的不愉快和气话而拒绝迪士尼递过来的橄榄枝，他综合评估了双方合作的前景，最后做出了重启合作的决定。他不仅不计前嫌，慷慨地表达了合作的诚意，还牵线搭桥让迪士尼和漫威开启了合作谈判，最终迪士尼以超过40亿美元的价格收购了漫威，取得了巨大的成功。

最佳博弈策略不只是在商业合作中有用，在处理家庭危机时同样适用。我有一位来访者因为前夫的背叛选择了离婚。离婚后，她有很长一段时间都无法走出"受害者"的情绪，不愿意和前夫有任何往来。但是，他们有一个需要共同抚养的女儿，针对女儿的抚养问题，他们不得不产生交集。她在很多时候都是以对抗的方式与前夫沟通，这让夹在中间的女儿非常难受。她也知道这样下去不是办法，于是找我咨询如何能够打破僵局。

我了解到，她在曾经的婚姻中付出很多，陪前夫走过了最为艰难的创业阶段，克服了旁人难以想象的困难，在生活蒸蒸日上，她也觉得一切向好的情况下，前夫的背叛让她觉得一片真心完全错付，她选择了头也不回地离开。除了孩子的抚养权，她没有争取任何财产就迅速离婚了，离婚后又觉得心有不甘，心里一直有怨气。

前夫和女儿的感情很不错，他渴望能够多探望女儿，离婚后不久，前夫和出轨对象也断了关系，渴望能够对母女俩做出一些补偿。但她选择了回避，经常不接电话，不回信息，让前夫探视女儿变得困难重重，前夫也表现出了反击的姿态，甚至发信息威胁她如果再这样，他就要去法院申请重新分配抚养权。

了解情况后，我问她怎样做她才能获得心理平衡。如果前夫就对她造成的伤害真诚道歉，做出更多财产方面的补偿，是不是会让她的"受害者"情绪缓解很多？

她说她也不清楚，但是可以试试看。

于是，我让她选择积极主动的博弈策略，给前夫写一封信，在信里坦言自己受到的伤害，也说明自己选择回避的原因，然后提出目前为了女儿的健康成长，愿意不计前嫌，做出让彼此双赢的第 3 选择。同时，我也让她在信中写明当时为了赌气和尽快离婚，在分割财产和确定抚养费方面不够理性，现在希望对方能够充分考虑孩子的权益进行调整和补偿，比如提高抚养费的给付标准，尤其是承担孩子上国际学校的高额学费等。

这封信发出后，她收到了前夫非常真诚的道歉，前夫也表达了自己补偿的心愿，承担了女儿上国际学校的高额学费和增加的开支，同时主动提出愿意把名下的一套房产过户给女儿，将其作为女儿以后出国留学的经费。前夫这样的操作让她的恨意一下子化解了一大半，她也大方表示欢迎前夫多探望女儿，也愿意为了女儿的意愿配合前夫一起承担孩子的抚养工作。

最后，双方冰释前嫌，找到了一起为抚养女儿通力合作的有效方式。这就是最佳博弈策略的运用，面对背叛，可以反击，可以谈判，该谈清楚的利益要明确提出，不能委屈自己。但是一旦对方表现出合作的态度，我们也可以选择重新回到合作的轨道，实现关系的双赢甚至多赢。

如何准确把握自己与对方的真正需求

如何准确把握自己与对方的真正需求呢？我要给大家一个锦囊，它是商业谈判中经常用到的管理学工具——区分立场和需求。在商业谈判中，这个工具能有效地帮助谈判双方把注意力放在彼此共同的利益和需求上，而不是放在谁对谁错的立场问题上。这样做有利于谈判双方找到符合彼此共同利益的创造性解决方案。

有这样一个经典的案例。两个人在图书馆中因为要不要开窗通风吵了起来，一个要求开窗，另一个坚决不同意。管理员走过来问了他们一个问题：为什么要开窗或不开窗？要开窗的人说图书馆里人多，空气不好。不同意开窗的人则说，他坐在窗边，开窗后风大，正好吹到他的头，而且外面太吵，影响他看书。管理员明白了，开了一扇离两人的座位有一段距离的窗，这样既解决了通风问题，又不会影响那个坐在窗边的人。这就是区分立场和需求的经典案例。

我再举一个生活中常见的例子，帮助大家深入了解立场和需求的区别。

一对夫妻在咨询的过程中，向我分享了他们生活中经常出现的冲突情景。

女方：天天回来就盯着手机，你干脆和手机一起过得了！

男方：我在处理工作上的事情，好不好！

女方：那你回来干吗？干脆待在公司不是更好？

男方：还不是为了早点回来陪你！

女方：这是陪我吗？我就像对着一块天天只会玩手机的木头！

男方：你讲不讲理？还不是因为你抱怨我加班太多，我才早点回来的。现在你又抱怨，你有完没完？！你难道希望我像你一样随便应付工作？那谁愿意给我开高工资？！

女方：你的意思是我没你挣得多，拖累你了吗？！这种生活我受够了！离婚吧！

男方：离就离！谁怕谁！

…………

　　女方因男方回家后一直盯着手机而不满，两人争执不休，最后甚至闹起了离婚。回头看，其实两人争执的原因只是一些无关紧要的小事，但有些冲动的夫妻一怒之下真的就去离婚了，想想都令人觉得遗憾。其实，这也是因为双方陷入了立场之争，而忽视了彼此真正的需求。

　　听起来女方的立场是对男方看手机很不满意，实际上她真正的需求是男方多花些时间陪她，多给她一些关注和回应。如果男方只看到了对方的立场，强调自己是在利用手机工作，那么双方就会陷入谁对谁错的立场之争。如果这时男方能够明确女方的需求，直接回应说："亲爱的，我这边有点紧急工作要处理，大概半小时，我处理完就马上陪你聊聊天，好不好？"我相信，这场冲突很可能就会消解于无形之中。当然，如果女方能够明确知道自己的需求，也可以用温和的方式直接表达出来，比如："老公，你回家后就一直在看手机，我有点失落。你现在能不能陪我说说话？我需要你多关注一下我。"我估计男方拒绝的可能性也不大。毕竟对于对方的合理需求，谁都没有办法轻易拒绝。

　　通过这种分析，你就能明白，在冲突中，对方表面上可能显得和你势不两立，但如果你能够明白对方真正的需求所在，解决方案很可能就会自然而然地出现。

博弈中的弹性思维

如何在博弈过程中把握好度，不至于使关系破裂呢？这就要用到有关谈判学的策略了。其实，任何一场关于利益之争的谈判都不是零和游戏，而是可以让谈判双方在解决问题的同时增进关系的双赢游戏。但是谈判双方必须拥有博弈中的弹性思维。

什么叫博弈中的弹性思维呢？它是指你能清晰地明白自己在一场谈判中最理想的利益实现方式，即最佳谈判方案，也能够明确自己的谈判底线。如果对方突破了你的谈判底线，你能选择谈判失败后的最佳替代方案。由此，你能在这几种方案中自由地做出弹性选择。

在谈判中拥有弹性思维的核心是要区分立场与需求，不要把关注点放到立场之争上，而是要去关注真正的利益，即什么才是自己真正的需求，因为在需求层面其实是有利于谈判双方找到符合双方共同利益的创造性解决方案的（见图 4-1）。

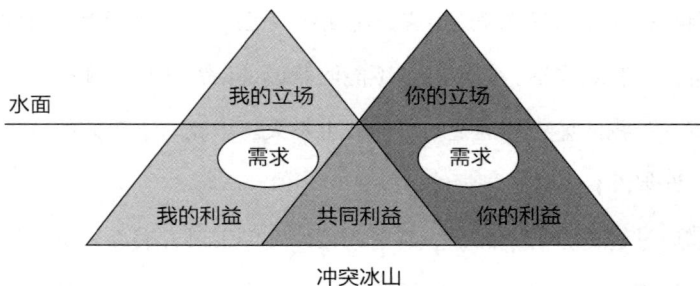

图 4-1　博弈中的弹性思维

如图 4-1 所示，双方的立场就像露出水面的冰山一角，看起来势不两立，但是在水面之下，其实双方的利益是交织在一起的，需要我们去关注。

具体的谈判问题可能更复杂。比如你和老板谈升职，你可能需要把一次博弈变成多次博弈。如果你这次没有成功升职，那么你可以询问老板有没有可能给你涨工资；或者对你的工作内容进行调整，让你参与更能出成果的项目；或者给你更多的资源支持，在下一次进行职级调整时优先考虑你。

一个聪明的老板可能会用相应的补偿来安抚你，否则你完全可以选择跳槽。谈判之前先摸摸底，了解一下自己在市场上的价值，谈判效果会更好。

在耶鲁大学的课堂上，老师建议我们工作后每过半年到一年就系统评估一下自己的贡献和报酬、职位是否匹配，如果觉得不够匹配，就可以启动谈判。我们需要充分做好调研工作，了解市场行情，甚至将客观标准作为参考的依据，这样谈判时就能做到有理有据。

使用客观标准是谈判的一个非常有效的策略，尤其是专业人士之间的谈判。客观标准可以是相关法律法规、合同约定、市场价格、行业标准等，种类繁多，我们要尽量选择最能体现公平性和科学性的标准。在此，我们可以把谈判分为 3 个步骤。

第一步，双方就每个问题一起寻找客观标准。比如，你作为买家，不妨开门见山："你想要我多出钱，但是我想要低价，我们先根据合理的客观标准确定一个公平的价格怎么样？"也许你们的利益是冲突的，但现在你们有了一个共同的目标，那就是去确定一个公平的价格。你可以先提出一个自己的建议，然后让对方也提出相应的建议。对方提出建议后，你就可以问他："你的根据是什么？"这句话在谈判中特别有用。

第二步，以理服人，并且乐于接受合理劝说，以确定更合理的客观标准及其运用方式。

第三步，遵从原则，保持弹性，根据具体情况进行符合客观标准的调整，即你应当在遵从客观标准的基础上与对方谈判，并且保持弹性，根据具体的情况进行微调，使双方都比较容易接受。

这种博弈中的弹性思维会让你始终保持良好的心态，理性地分析各种策略和可能的路径，充分发挥想象力去寻找能实现双赢的解决方案。如果你与对方无法达成共识，就好聚好散。这样，你就不会有太多的能量损耗。如果你将弹性思维与成长型思维模式结合，把每一次博弈甚至冲突都当成试错机会，那么经过一段时间，你就可能成为关系博弈中的高手，能够更为坦然地赢取更多的资源与空间。

第 3 选择：拥有给予心态，创造协同

　　管理学大师史蒂芬·柯维的《第 3 选择：解决所有难题的关键
思维》是他晚年的集大成之作，他在总结一生所得的管理经验的基
础上，对《高效能人士的七个习惯》中的"双赢思维"进行了深入
拓展和系统梳理。

　　我之所以重点阐述第 3 选择，是因为这种思维方式对我大
有助益。不管在沟通、谈判还是冲突调解中，当我时刻提醒自己
不要陷入二元对立的对错之争，总有第 3 选择时，我就真的能够
找到第 3 选择。我也希望这种思维方式能够帮你实现双赢或者
多赢。

什么是第 3 选择

　　何谓"第 3 选择"？我发现，不管在生活中还是在工作中，面
对任何问题，大家惯用的第 1 选择就是按照"我的方法"进行，第
2 选择就是按照"你的方法"进行。冲突往往就在于，到底是"你
的方法"比较好，还是"我的方法"比较好。

因此，不论大家选择哪一方，都会有人觉得受伤或做出了牺牲。史蒂芬·柯维指出，这时不妨考虑第 3 选择：超越"你的方法"或"我的方法"，设法找到更高明、更好的方法，让双方都能从冲突中找到一条出路。

史蒂芬·柯维提出的第 3 选择的核心是，大多数冲突都是两方面的。第 1 选择是"我的方法"，第 2 选择是"你的方法"，但通过协同，我们其实可以得到第 3 选择——"我们的方法"，一种有助于更好地解决冲突的方法。

举个例子，小区后面有块地，地上都是绿色的植被。如果你是一个环保主义者，你可能会觉得这块地就应该被保护起来，不能被随意破坏。如果你是一名房地产开发商，你看见这片地也许会觉得，这么好的地就应该用来修建高楼大厦，给社会创造经济效益。

这两种思维方式都没有错，双方都是依照自己脑海中的认知地图做选择的，都有道理。要是按照传统的解决问题的方法，结果要么是保护这块地，要么是把它用来修建高楼大厦。如果把这两位放在一起辩论，他们很可能会吵起来。这是一个典型的容易发生冲突的场景。

如果另外一个人提出第 3 选择，找到了一个能实现双赢的方法呢？人们就可以避免这个冲突，这个问题也会得到更好的解决。比如，"我们可以用这块地修建花园式小区，其商业价值也会提高"。

所以，如果我们转换思维，找到双方都可以接受的解决方案，就可以避免不必要的冲突了。这个方法在工作和生活中都适用，可以帮助人们化解冲突、解决问题。简单地说，具有找到第3选择的意识很重要。

找到第3选择的方法

如何找到第3选择呢？我总结的方法是"拥有给予心态，创造协同"。这是找到第3选择的关键所在，这里先介绍"给予心态"。若你一心只为谋求个人私利，周围的人将会逐渐与你疏远，因为人们都不愿吃亏，你也将逐步失去合作的机会。如果你抱着服务他人的给予心态，你将可能成为一个强有力的领导者，引领更多的有志者同行。当然，并不是拥有给予心态就一定会取得成功。如果你只是一味付出，不懂得及时补充能量，那么你的能量就很可能逐渐干涸。

我在耶鲁大学的课程中专门探讨过相关问题。课上，老师问了我们一个问题：在成功阶梯上，强调为他人付出和创造价值的付出者，强调以自我利益为中心的索取者，以及强调等价交换和公平的互利者，谁会是垫底的人，谁又会是爬到成功阶梯顶端的人？

我建议大家都闭上眼睛思考两秒，想象一下在成功阶梯上，这三者会如何排序，以及为什么。以我的人生经验来看，我认为付出者会垫底，但最后老师公布的结果出人意料：垫底的是付出者，但是在成功阶梯顶端的也是付出者。

那么，成功阶梯顶端的取得巨大成功的付出者和垫底的付出者有什么本质上的不同呢？如何才能成为一个成功的付出者呢？答案就在美国心理学家亚当·格兰特的著作《沃顿商学院最受欢迎的思维课》中。

在书中，亚当·格兰特通过大量实证研究表明，在不同的行业中，付出者都过于关心别人，过于信任别人，太过愿意为了他人的利益牺牲自己的利益。甚至有研究表明，与索取者相比，付出者的收入少了 14%，他们成为犯罪受害者的概率高了 1 倍，并且他们被认为强势性和支配性的程度低了 22%。通过不断地深入分析，亚当·格兰特发现造成付出者取得巨大成功或垫底的关键不在于天赋或能力，而在于他们采取的策略以及做出的选择。

具体来说，成功的付出者会主动辨识他人的类型，他们一开始会倾向于信任他人和积极付出，但是在吃亏上当后便能及时识别索取者。当发现对方是索取者后，他们会将行为方式调整为互利型，这可以有效减少被索取者占便宜的可能。

付出者取得成功时有一些特殊之处：他们的成功可以惠及他人，因为付出者注重把蛋糕做大，从而实现共赢。索取者玩的是零和游戏，一个索取者取得成功通常意味着另一个人的失败。

研究表明[①]，人们会嫉妒成功的索取者，并会想办法把他们绊

---

① 亚当·格兰特教授通过大量的研究发现，索取者并不如人们想象的那样容易获得成功，因为他们会破坏信任和关系，让他人心生警惕和戒备。社会科学家马修·范伯格（Matthew Feinberg）、乔伊·程（Joey Cheng）和罗伯·怀尔（Robb Willer）的研究指出，如果某人具有索取者的倾向，人们就会克制自己的信任，避免被其利用。久而久之，索取者的坏名声流传得越来越广，他们现有的关系就会被切断，也难以建立新的关系。

倒。相反，当有策略的付出者取得成功时，人们并不会妨碍他们，而是会全心全意地支持他们。付出者的成功会产生一种涟漪效应，使他们身边的人也更容易成功。你会发现，付出者的成功可以创造价值，他们不仅仅是从别人那里攫取价值。

实现第 3 选择的步骤

有了给予心态后，如何才能实现第 3 选择呢？这就涉及"创造协同"了。所谓"创造协同"，其实包括两个部分：一是我们可以创作或改写自己的剧本，而不是消极地坐以待毙；二是通过"我看到自己—我看到你—我找到你—我与你协同"4 步实现协同效应。

先说第一部分，如何创作或改写自己的剧本呢？史蒂芬·柯维强调，在生活的情境冲突中，我们不仅仅是剧中角色，还是决定故事情节如何展开的创造者。

一个学员曾经向他倾诉，自己已经不爱妻子了，但也不想伤害对方，不知道该怎么办。他直接回答："爱她。"学员再次强调，他已经没有爱的感觉了。他也强调道："爱是一个动词，爱的感觉是爱的行动所带来的成果。"

这个故事给我的启发很大，我做咨询时也经常这样提醒我的学员。当他们认为爱是一种被动消极的状态时，或者认为自己不得不做某事时，我都会给他们讲这个故事，并指出是我们在创作自己的剧本，我们可以决定故事如何收尾。

那么，如何才能扮演好自己的创作者角色呢？史蒂芬·柯维认为，如果你置身于困境或者冲突环境，可以问问自己以下问题：

- 我的故事是什么？
- 我需要改变剧本吗？
- 我可能会在哪里出现盲点？
- 我的文化程度如何影响我的思维？
- 我的真正动机是什么？
- 我的假设都成立吗？
- 我的假设在哪些方面不完善？
- 我为自己真正想要的结果——故事的结局付出努力了吗？

对于这些问题，大家可以选择 3 ~ 5 个回答，如果全部回答当然更好。希望大家都能经常提醒自己调整观察视角，不要完全被卷入故事而失去觉察，通过问自己这些问题，让自己不至于偏离第 3 选择的航向。

创作剧本后，我们如何有章法地实现协同效应呢？我将一步步为大家分析，也希望下面这 4 步能对大家的思维习惯和行为模式有所助益。

1. 第一步：我看到自己

这一步就是我经常说的要回到自身，找到自己的核心需求，同时也保持对自己的认知与觉察。用史蒂芬·柯维的话来说，这一步就是："我已经从内心深处认识到我的动机、怀疑与偏见，我已经检验过我自己的设想，我已经准备好与你真诚相对。"

这听起来很容易，事实上我们常常只看到自己的身份和所代表的派别，常常把自己的所作所为看成身不由己，所以，我们遇到难题时就会告诉自己"没办法，只能这样了"。这样轻易放弃选择权，我们是无法看到自己的。

这里有两个问题可以用来提醒自己。一是"我为自己的情绪百分百地负责了吗？"当我们愿意为自己的情绪百分百地负责时，我们就会去觉察情绪背后的需求是什么，去检验需求是否合理，弄清如何满足自己的需求，而不是怨天尤人。二是"我是否放弃了自己的选择权？"遇到任何事情，我们都是有选择权的，即使像弗兰克尔那样被困在集中营里，命悬一线，也可以选择自己面对苦难的态度，选择活出生命的意义。所以，当我们认为自己不得不做某事的时候，一定记得转念，做自己的主人翁，学会接纳我们不能改变的，同时改变我们能改变的。

2. 第二步：我看到你

心理咨询领域有这样一句话："看见即疗愈。"其实，与他人相处时，如果我们能够看到对方是一个与众不同的完整的人，有着与生俱来的价值、天赋、激情和力量，就是真正看见了对方。这也是心理学大师卡尔·罗杰斯（Carl Rogers）强调的"无条件积极关注"。简言之，它是我对对方的一种积极的感觉，对我来说，对方不是一件物品，而是一个完整的人。

很多时候，我们在和他人打交道之前就已经给对方下了定义。"他对人不友善""他是一个奸商""他没什么文化"……在这种情况下，我们看到的不是一个人，而是一种身份、一种定义，甚至包含着仇恨和偏见。当我们无法感知到对方和我们一样是一个人时，我们几乎永远不会想要和他一起探索第 3 选择。

在"我看到你"这种思维模式里，你和我在一起是强大的，因为你的力量和我的力量形成互补，我们是独一无二的组合，我们能够共同为找到第 3 选择而努力。同时，我有强烈的同理心。因为如果我真的看到了你，我会主动去理解你，体会你的感受，将我们之间的冲突最小化，使协同效应最大化。

3. 第三步：我找到你

只有在接受和完成前两步的前提下，这一步才会发生。这一步其实是同理心的进一步延伸：我不仅能看见你真实地存在，还能充分理解你。我不会将你的异议视为威胁，而是渴望向你学习。如果像你这种性格好又聪明的人与我意见相左，那么我更需要好好倾听你的声音。

因此，我们应当面对冲突，而不是回避或自卫。当我们与别人见解不同时，我们最好的应答是"你不同意？我需要听听你的想法"，并切实采取行动。在这一步，我们需要有极强的倾听能力，尤其是在双方情绪激动时，我们更需要学会倾听，而不是急于反驳和争辩。

"我找到你"是一种有效的思维模式。新的观念只有在相互理解的氛围中才能自由地涌现。有了这样的思维模式，深度联结与信任的关系才会产生，我们才能为实现协同效应做好准备。

4. 第四步：我与你协同

"我与你协同"意味着我们一起寻找一种更好的、从未想到过的解决方案，而不是陷入相互攻击的循环。在这一步，我们需要运用好头脑风暴这种工具，不要在创意的过程中过多地评判和争执，而应鼓励大家想出尽可能多的方法，直到能够满足双方的基本需求。我们必须相信只有找到第 3 选择，这一步才会有好的效果。

为了真正实现协同，我们需要共同学习和成长。当我给予你真正的、积极的关注并对我们的内心与思想有清晰的理解时，当我突破"只有两种选择并且其中之一是错误的"这一思维定式的局限时，当我以"有无穷多种我们从未想到过的、有益的、激动人心的、创造性的选择"的思维模式思考时，"我与你协同"才能实现。

为了让"我与你协同"变得更加有章可循，大家可以参考下面4 个步骤。

一是询问。我们可以坦诚地问对方："你愿意寻找一种更好的解决方案吗？"这是一个关键的问题，可以让对方降低防御程度，与我们一同探索解决方案。

二是界定。我们可以和对方讨论"更好"对彼此究竟意味着什么。此时需要把形容词具象化，越具体越好，然后把双方所需要的更好的基本条件都列举出来，这是让协同具体可操作的重要一步。

三是创造。双方通过共同努力，去探索和创造一个可以达成列举条件的第 3 选择。

　　四是达成。当找到真正的第 3 选择时，双方便实现了协同。

　　在这里，我给大家分享一个案例，以便大家真正理解有助于达成协同的第 3 选择是如何找到的。这是一场关于职场加薪的谈判。一个领导面对员工要求加薪的请求，没有直接拒绝或同意，而是说"我们多聊聊你的情况吧"。就这样，员工不仅讲了自己的家庭情况，还谈到了最近的工作和对客户的分析。领导帮助员工对客户进行了深入的分析，并委派员工负责更多的客户。员工感受到了领导对自己的器重，并看到了工作的希望，最终也提高了收入。公司不仅未因此遭受损失，反而使员工提升了工作能力，服务于更多的客户。这是典型的双赢局面。双赢局面源于领导的第 3 选择，他没有把员工置于对立面，而是主动倾听员工的心声，这样员工才愿意与之协同。由此可见，双方充分沟通才能找到最佳解决方案。

　　这就是第 3 选择的力量，它强调不要用二元对立的思维来看待世界——要么战斗，要么逃跑，那样只会让我们成日困于说服、打败、讨好或者教育别人。

　　共同创造美好的过程其实也是心理能量迅速得到补充的过程，这也是很多成功人士看起来很忙且付出了很多，但是依然能量充沛的原因。他们在给予和协同的过程中实现了能量的升级，在照亮他人的同时也温暖了自己——这就是第 3 选择的真正魅力所在！

隔离消耗：远离消耗你的人和事

糟糕的人际关系是造成心理能量消耗的罪魁祸首。通过学习，我们知道了如何构建相互支持、协同合作的和谐关系，以及在面临分歧或矛盾时如何妥善处理冲突。然而，在现实生活中，我们还应该学会远离那些持续消耗心理能量的人和事。

当我们深陷无尽的消耗之中，无法找到解决之道或改善方案时，心理能量便会持续流失。这不仅阻碍了我们追求更有意义的生活目标，还可能导致压力累积、情绪问题乃至心理健康状况的恶化。因此，为了保持情绪健康、提升生活品质及促进个人成长，最佳策略便是远离消耗你的人和事，将有限的心理能量倾注于那些能带来积极变革并有助于个人发展的人和事。

不管在亲密关系中还是在职场关系中，情绪勒索都像一个能量黑洞。不管你的心理能量储备有多充足，它都很可能被很快抽干，你甚至会因此产生习得性无助。

那么，情绪勒索到底是如何消耗我们的心理能量的？我们如何才能及时有效地逃离这样的能量黑洞呢？接下来，我将通过真实的案例介绍相关方法。

如何识别和远离亲密关系中的情绪勒索

　　亲密关系中有两种危险的行为：一种是家暴；另一种是情绪勒索。在本节，我们主要讲情绪勒索。目前，情绪勒索多指在一段关系中一方通过言语打压、行为否定、精神打压等方式对另一方进行情感操纵。找我咨询的学员中有很大一部分就是情绪勒索的受害者，他们从小就是乖孩子，并且在意他人的评价，也比较服从权威。一旦遇到情绪勒索，他们往往会深陷其中难以自拔，甚至有可能受到严重的身心伤害乃至面临生命危险。我也将从咨询案例中挑选一个经典案例和大家分享，期待它能够对大家有所帮助。

　　姗姗到现在一想起自己被情绪勒索的经历，还是后背发凉。她真的很幸运，逃过了人生一劫，尽管她也曾一度为这段感情"肝肠寸断"，但现在回过头看，原来一切都是一场设计，幸亏她醒悟得足够及时。如果没有被讨厌的勇气，没有明确的边界和底线，没有敢于对突破自己底线的行为坚决说"不"，她很可能就成了前男友的"猎物"。姗姗很及时地找到了我，也迅速看清了这段亲密关系的本质，选择了逃离。她简单梳理了一下自己被"套牢"的过程，发现自己经历了下面几个阶段。

　　第一阶段：追求及热恋期。她的前男友很善于观察，因此其人设会随着追求对象的不同以及阶段的不同进行调整。前男友通过各种表现，在姗姗心中树立了努力上进、善良顾家的形象。

　　第二阶段：操纵阶段。在这一阶段，前男友利用之前树立的良好形象，进一步巩固和扩大他在姗姗生活中的影响力。他会细心关注珊珊的喜好和需求，适时给予珊珊关心和帮助，使珊珊对他越来越依赖。在这个阶段，前男友会刻意制造一些危机，让珊珊感受到没有他自己便无法生存。例如，他会假装工作繁忙，让珊珊体会到孤独和无助；或者故意表现出对其他异性的关心，激发珊珊的嫉妒和焦虑。这些手段让珊珊在感情中变得被动，逐渐失去了自我。

第三阶段：情绪勒索。对珊珊而言，这是最残忍的阶段。随着操纵越来越明显，前男友开始展现自己真实的一面。他不再假装关心珊珊的感受，而是更多地关注自己的需求和利益。他利用珊珊对他的依赖，迫使她服从自己的意愿。珊珊稍有不从，他便会用"分手"对珊珊进行情绪勒索。这种操纵让珊珊陷入了无尽的恐惧和痛苦之中，但她又无法摆脱自己对前男友的依赖，陷入了恶性循环。

幸运的是，珊珊最终认清了一切，及时醒悟，抽身离开，也算及时止损了。那么，面对一张张精心编织的网，我们应该如何及时逃离呢？

1. 做好底线管理

在亲密关系中，明确自己的底线与边界，对于任何践踏自尊的行为，包括语言或情绪暴力坚决说"不"，这也是避免自己成为受害者的坚实保障。尤其是面对家暴或虐待等行为时，坚决报警、及时向专业人士求助非常必要。

此外，在感情中对于对方要钱或者让你为大额消费买单的行为一定要警惕，因为真正有自尊的人是不会这样随意去侵犯信任边界的。

还有一点需要注意，女性如果涉世未深或者对对方的背景并不清楚，不要轻易地进一步发展一段关系，至少要等到了解对方一段时间后再考虑是否进一步发展双方的关系。特别是女性要尊重自己的身体，这对于保护自己很有效。

2. 不当拯救者

如果对方向你"卖惨"，强调自己童年时有多不幸，然后把自己的不良行为都归咎于童年不幸，请你尽量远离这样的伴侣。因为利用你的同情心是情绪勒索的经典套路，即使对方不是在进行情绪勒索，对于天天把自己的童年创伤挂在嘴上的人，我也建议你不要去扮演拯救者，因为这是心理医生的工作，你可以建议他去找心理医生。

在婚姻或职场中，可能对方的行为不一定称得上情绪勒索，但是如果一段关系让你的自尊水平越来越低，或者让你产生了很多的负面情绪，甚至影响你的睡眠和健康，那么我的建议是用博弈思维勇敢说"不"，如果不能改变就坚决离开。

所有的套路能够套住的往往是无知与贪婪。在亲密关系中，我们不仅要用心投入，去了解自己的核心需求，更要了解人性，明白所有不切实际的美好不是童话就是骗局，用底线思维为人生的大船保驾护航。

如何有效识别和应对职场情绪勒索

除了情感领域，其实职场也是情绪勒索的高发区。职场情绪勒索是指在职场中利用权力、地位或影响力对他人进行心理操纵的行为。这种行为可能表现为对他人进行过度的批评、贬低、羞辱，利用他人的恐惧、不安、自我怀疑等情绪达到操纵他人的目的。喜欢在职场中操纵他人的人，通常会选择那些容易被操纵、缺乏自信或者不愿意反抗的人作为目标，使其产生心理压力和感到不安，从而彻底屈从于他的管理。只要操纵他人的人发出指令，被操纵的人就会无条件服从。

1. 职场情绪勒索的实施步骤

职场情绪勒索一般分为4步，它们分别为树立权威、反复"洗脑"、羞辱打压和情绪勒索，具体表现如下。

（1）树立权威。喜欢操纵他人的领导会给自己添加诸多光环，并且喜欢不断打压员工。比如，在工作会议上武断地打断员工的发言、否定员工的想法和成绩、将员工的工作成果据为己有等。

（2）反复"洗脑"。喜欢操纵他人的领导会给员工"画大饼"，然后强调"吃得苦中苦，方为人上人""天将降大任于是人也，必先苦其心志"，或者"你之所以薪水低，觉得辛苦，是因为你的能力还不够，你还得接受更多的磨炼"。他们经常给员工安排超负荷的工作，让员工干不完，再强调员工不经历这样的"魔鬼训练"是不可能真正成长的，然后讲述自己当年吃苦逆袭的故事。

（3）羞辱打压。如果员工天资不错，又踏实肯干，扛住了压力，有了一点成绩和能力，想去和喜欢操纵他人的领导谈升职加薪，他们很可能会用这一招来摧毁员工好不容易通过辛勤工作建立起来的自信——他们会给员工安排一些非常难的项目，但不给员工足够的资源和人手，然后揪住员工的一点小错误大肆批评，让员工觉得自己真的一无是处，公司能收留自己就应该感恩戴德，怎么还好意思谈升职加薪。

（4）情绪勒索。这一步是制造恐惧的"终极法宝"。喜欢操纵他人的领导通过各种威逼利诱，向员工传达"能干就干，不能干就走人"的信息，强调很多人想进公司，并且把业绩不好和员工的表现强行捆绑，让员工觉得自己需要对整个团队的业绩负责，自己不听话就是害群之马。喜欢操纵他人的领导通过这样的道德绑架，让员工彻底失去为自己争取反抗机会的勇气和心力。

2. 有效应对职场情绪勒索的方法

当然，初入职场的人都有一个适应阶段，每个公司的企业文化也各有不同，如果你只要感到不适应就直接拍屁股走人，很可能就是在逃避成长。一般性格内向、容易过度自我批评或自我怀疑的听话的员工很容易成为职场情绪勒索的受害者。下面我将介绍如何有效应对职场情绪勒索。

（1）有效识别。在有效识别方面，你要相信自己的感受，如果你有不舒服和愤恨这两种感受，那就说明别人很可能侵犯了你的边界。不舒服比较好理解，比如被突兀地问到隐私问题或者被评价时，可能大家或多或少都会有这种感觉；而愤恨则是心里有点堵得慌的感觉，一般发生在对方压制了你、利用了你、让你觉得不被欣赏和不被尊重的时候，或者发生在对方不顾你的感受，一个劲儿跟你灌输他的价值观、想法、期望的时候。

当然，边界被侵犯时你很可能还有其他感受，因人而异。不过，如果你的不舒服或者愤恨的感受达到比较强烈的水平，你就应当警觉，一定要问问自己是什么原因导致了你的感受出现。如果你对自己的感受不太确定，可以和你认为非常有边界意识的朋友去探讨一下对方的行为是否越界了。

（2）有效应对。处于不同的职业阶段和心理能量状态的人，应对职场情绪勒索的方式也不一样。总体来说，应对职场情绪勒索主要有"及时逃离""课题分离"和"正面应对"3种方式。

如果你符合以下几种情况，我的建议是"及时逃离"。

- 涉世未深，在处理职场关系的能力还没有培养起来时就被别人情绪勒索了。
- 性格相对内向，不善言辞，无法处理复杂的人际关系。
- 领导喜欢对员工进行情绪勒索，并且已经逼走不少人，甚至有人因此而焦虑和抑郁等。

这里的"逃离"，既可以是换部门，也可以是换公司，你可以根据具体情况来定。

如果你遭遇职场情绪勒索，你不需要把宝贵的青春和才华耗费在不适合你的地方，毕竟你的投入成本不多，沉没成本也非常有限，及时逃离，寻找更适合你的天地更划算。

如果你在现实中无法逃离，已经不是处于"一人吃饱，全家不饿"的状态，或者说公司条件不错，属于你喜欢的行业，你也为其投入了不少心力，不愿意让努力就此付诸东流，那么，"课题分离"对你来说就很重要。

所谓"课题分离"，就是每个人只对自己的课题负责。比如，完成工作是你的课题，但是对方是否认可你就是对方的课题了，你无法干涉；对方如何对待你（如批评你）是他的课题，但是你如何看待对方的行为（如要不要接受他的批评）就是你的课题。

在职场中，你需要做的是，首先，专注于自己的课题，尽自己最大的努力去完成工作，不过分关注他人的评价和认可。其次，尊重他人的课题，理解他人的行为和观点，不干涉他人的决策，同时也要保护好自己，不被他人的负面情绪影响。最后，学会接受无法改变的现实，泰然处之，保持平和的心态。

学会课题分离后，你还需要学会正面应对，简单地说就是要坚决捍卫自己的边界和原则，而捍卫边界和原则的最好方式就是尊重自己的感受，一旦感觉不舒服，就要及时表达出来。每一次勇敢地表达都是在提升自己的力量感，也是增加心理能量的过程。你的心理能量越充沛，你越不容易成为职场情绪勒索的受害者。

此外，正面应对其实非常有利于你的成长，甚至能帮助你迈入管理层。你可以运用前面提到的博弈思维，把这件事当成一个谈判的项目，认真盘点彼此手中的筹码，列出自己的最佳谈判方案并确定底线，准备好最佳替代方案，这样你就可以放手一搏了。

如果你因被情绪勒索而感到压抑和痛苦，向亲朋好友倾诉自己的苦恼是非常好的途径。如有必要，你也可以向专业的心理咨询师寻求帮助。

记住，你一定要学会自我关怀和自我赋能，远离消耗你的人和事，保护好自己的能量，用勇气与力量赢得尊重！

第五章

环境能量：积极主动，在糟糕的
环境中感受幸福

要真正做好心理能量管理，我们需要打造一个正向循环的生态系统，使内生能量与外生能量和谐统一，让整个生态系统在蓄能和耗能两个方面达到可持续的动态平衡。

近年来，"内卷"这个词很流行，一些人感受到了来自工作和生活的各种压力。人有悲欢离合，月有阴晴圆缺。人生在世，难免遇到困难，但我们可以积极主动地利用好环境能量，即使在糟糕的环境中也能收获幸福。

在本章中，我将从双我思维、底线思维、复利思维和积极主动的思维4个维度详细介绍环境能量的管理与整合。

双我思维：让两个自我和谐相处

既然很多时候心理能量的流失都源自内耗，那么如何停止内耗呢？其实内耗的根本原因就是我们内心的两个自我在争吵，一个说往东，另一个说往西，这会导致我们自责、自贬，甚至自暴自弃。既然我们的内心本来就有两个自我（其实也可能有更多的自我），那么我们就应该接受这一点，并且利用"双我思维"这个能量工具完成两个自我的联结，完成自我蜕变。

所谓"双我思维"，就是承认我们的内心有两个自我，然后梳理两个自我的关系，让两个自我能够和谐相处，并且通过分工合作完成深度对话与联结。这样，我们不仅不会内耗，还能让内在的潜能被挖掘和释放出来。

可以说，双我思维是我开设心理能量管理团体课以来运用得最多，也最有疗愈成效的一个工具。很多时候，我们所谓的"懂得"，往往只是头脑懂得，但是身体与心灵并没有同步。双我思维能让我们抵达心灵深处，清理积累已久的负面能量，真正实现身心合一。

根据我的咨询经验和相关的心理学研究，我们内心的两个自我之间至少有 3 层关系，并且它们层层递进。接下来，我们来一一解析它们。

第一层关系：内在父母与内在小孩

我相信很多人都听说过内在父母与内在小孩的关系，我也是因为对这一种关系的探索而走上了当心理咨询师这条路。内在父母与内在小孩的关系对应多种解读，我分享一下我常用的角度。

每个人的内心都住着内在父母和内在小孩，内在父母与内在小孩的关系决定了我们的内在模式。一般来说，内在父母与内在小孩的关系受原生家庭的影响，我们的内在模式与儿童时期形成的依恋模式直接相关。心理学研究表明，儿童时期养成的依恋模式一般有3 种。

第一种是安全型依恋。安全型依恋的儿童与母亲在一起时能安心地玩游戏，不会总是依附于母亲。当母亲离开时，他会表现得苦恼；当母亲回来时，他会立即寻求和母亲接触，然后很快平静下来并继续玩游戏。

第二种是回避型依恋。这是一种不安全依恋，回避型依恋的儿童在母亲离开时，不会感到太过紧张或忧虑，而母亲回来时，他们也不怎么理会，可能短暂地接近母亲后又走开，做出忽视和躲避行为。对这类儿童而言，接受母亲的安慰和接受陌生人的安慰没有太大差别。

第三种是矛盾型依恋。这也是一种不安全依恋，矛盾型依恋的儿童对母亲的离开表示强烈反抗，在母亲回来时会寻求和母亲接触，但同时又表现出反抗，甚至发怒，不能再安静下来玩游戏。

进一步的研究表明，在亲密关系中，存在安全感缺失问题的人大多属于不安全依恋类型。这类人群不仅包括回避型依恋者，他们在亲密关系中表现出情绪易波动、冷淡和故意做出不满的表情等；还包括矛盾型依恋者，他们会做出采用反向沟通策略、删除对方的联系方式、惩罚对方、迫使对方哄劝自己等行为。这些缺乏安全感的人在亲密关系中常常觉得伴侣对自己不好，认为对方是关系的破坏者。在面对关系问题时，他们往往不会主动采取有助于增进关系的行动，而是容易陷入焦虑、恐惧等负面情绪。

克里斯多福·孟在《亲密关系》一书中提到的吵架的例子非常具有代表性。丈夫和妻子因为浴室的清洁问题发生了激烈的争吵。丈夫认为妻子完全不尊重他的意见，他向妻子强调过他是一个很看重浴室整洁的人，妻子也答应过他会注意浴室卫生，但是这次妻子又没有收拾浴室。妻子觉得很委屈，她之所以没有收拾浴室，是因为考虑到丈夫可能急着用浴室，她不想让丈夫等太久。但丈夫并不领情，说："那你可以早五分钟起床啊……"妻子也被激怒了，回应道："我能起得来就不错了，你昨晚可是把那该死的音响开到最大声，一直吵到三点！"很快，他们就从浴室的卫生问题吵到谁比较自私的问题，争吵变得越来越激烈。

其实他们当时可能没有意识到的是，这次争吵恰恰是因为他们童年时的伤痛。对丈夫而言，他幼时经常感觉被父母忽视，甚至有一次因阑尾炎疼痛不已却仍未被父母重视，险些危及生命。这些经历都深深地刻在他的记忆中，让他对别人的忽视异常敏感。

妻子则相反，她觉得父母对她的管束特别严格，她每次玩玩具后，父母都让她立即将现场收拾干净，如果她没有做好，父母就会没收玩具，好几天不让她玩。她觉得父母并不宠爱和包容她，让她没有一点点自由，也不能任性。

在这场冲突中，他们都觉得对方好像变成了自己的父母，所以他们的反应才会如此大。如果他们在这时能够意识到自己情绪失控的根本原因，事情可能就会好办很多。

要想解决有关内在模式的问题，你需要学会拥抱自己的内在小孩。我建议写一封和解信，你既可以写给自己，也可以写给给你带来创伤的人。

写信时你可以采用非暴力沟通的方式，我推荐大家都认真读一下马歇尔·卢森堡（Marshall Rosenberg）的《非暴力沟通》。非暴力沟通是找寻爱的桥梁，它要求你既要诚实、清晰地表达自己，又要尊重与倾听他人。我建议你把这本书作为工具手册，好好分析书中的案例，学会用非暴力沟通的方式表达自己的感受、需要和请求。非暴力沟通包括 4 个要素——观察、感受、需要和请求，它鼓励倾听、尊重与爱。

非暴力沟通的 4 个要素对应以下 4 个步骤。

首先，留意发生的事情。把你观察到的人们所做的事情说出来，不管你是否喜欢他们这样做。这一步的要点是，清楚地表达观察结果，而不对其加以判断或评估。接着，表达感受，如受伤、害怕、喜悦、开心、气愤等。然后，说出哪些需要未被满足会导致那些感受。比如："因为我很需要你的理解与尊重，所以当你用不耐烦的语气和我说话时，我会很受伤。"最后，提出请求，并使请求符合 SMART 原则。比如："你能帮我把地板上的袜子捡起来放到洗衣机里吗？"

大家可以参考上述步骤给自己写信或者给父母写封信，写这封信可能需要一点时间，但是我希望大家可以去完成这件事。

我说一下要点，给自己写信可以作为"书写疗愈"练习。你可以拿几页纸直接写下你能够记起的童年创伤，不要过度思考，想到什么就写什么，把你的感受，如委屈、难过、伤心、恐惧、愧疚都写下来。这个部分是为你的内在小孩而写的。然后想象一下，如果你是这个小孩的理想父母，你会怎么理解他、拥抱他、抚慰他？你可以在信中把你要对这个小孩说的话直接写出来。这个过程很可能让你伤心流泪，但是这恰恰是一个疗愈的过程。

给父母写信也一样，你不应从受害者的角度进行控诉，而应以观察者的身份将内在小孩的情感表达出来。同时，你应明确阐述情感背后的需求，并从容坚定地提出自己的诉求，如巩固与父母的亲情关系，或者渴望得到父母的真诚关注与理解等。虽然你无须将此信寄出，但是请你务必记得去写它，这样做能帮你看清你的内在模式，与压抑已久的童年时的渴望和解。

第二层关系：感性自我和理性自我

解决了有关内在模式的问题，我们就有必要让人格中的感性自我和理性自我更好地分工合作了。这里的"合作"有点像前文中提到的系统 1 和系统 2 之间的自由切换。我准备带领大家深入探讨相关问题，也就是明确如何把自己的潜意识部分"照亮"，让自己能够清楚明白地做好决策。接下来，我将分享两个方法，以供大家参考。

一是本杰明·富兰克林（Benjamin Franklin）的决策方法，它能帮我们对感性选择进行理性量化分析。

第一步，富兰克林把自己的思维当作两个人，一个人是正方，另一个人是反方。他用一条线将一张纸分成两栏，在一栏的上方写上"正方"，在另一栏的上方写上"反方"。他在写有"正方"的这一栏写下自己赞成的理由，在写有"反方"的那一栏写下自己反对的理由。这样就完成了第一步，把自己矛盾的想法整理出来，并且让其呈现在纸上。也就是说，他把这些想法可视化了。

第二步，他仿佛变成了一个陌生人，冷酷地给自己刚刚写下的内容打分，打分时不带有感情色彩。这一步使他确认了各种想法的权重，也就是其有价值的程度。他将这些想法数值化，使其变成可比较的数字。

第三步最容易，他计算了两栏的总分数，比较一下分数多少，自然就知道该怎么做决策了。富兰克林通过设计正方、反方和明确打分，给模糊不清、道理难辨的想法设计了一个决策程序。像这样按程序走下来，再纠结的问题也能得出明确的答案。

二是查理·芒格（Charlie Munger）的方法，可称为自我辩论法。

查理·芒格说过一句话："如果我要拥有一种观点，如果我不能够比全世界最聪明、最有能力、最有资格反驳这个观点的人更能够证明自己，我就不配拥有这个观点。"①查理·芒格一直强调拥抱反对意见，尤其是聪明人的反对意见，如果没有外在的反对意见，那么他就会从内在唤醒一个反对的声音，用这个声音不停地挑战自己，直到自己能够说服自己为止。

查理·芒格提出了双轨分析的方法。他会从理性的角度问，哪些因素真正控制了涉及的利益。这就是对系统 2 的运用。然后，他会从潜意识的角度问，当大脑处于潜意识状态时，有哪些潜意识因素会使大脑自动以各种方式形成虽然有用但往往失灵的结论。这是通过系统 2 的复盘找出系统 1 的思维习惯，让人明白自己有哪些习惯性反应。比如，我是那种脾气一上来就会习惯性用言语攻击他人的人，这时我容易冲动，说话也有些咄咄逼人，当我明白这是系统 1 的自动反应时，我就会在下次脾气上来时提醒自己冷静一点，不要急着辩驳和质问，这确实给我维护亲密关系带来了很大帮助。

真正区分哪些部分是潜意识带来的反应，哪些部分是理性的分析，这个动作很有价值。这样你才能对自己有正确的判断，事情有结果后，你在复盘时才知道哪些部分真正起到了作用。

---

① 彼得·考夫曼：《穷查理宝典：查理·芒格智慧箴言录》（全新增订本），中信出版集团 2021 年版。

第三层关系："小我"与"大我"

最后一层需要捋顺的关系是"小我"与"大我"的关系。

在心理学中，"小我"通常与弗洛伊德的"自我"概念相对应，代表了人类意识的一部分，负责调节本我与超我之间的冲突。"小我"涉及我们日常的思维、情感和行为，是我们对外界做出反应的基础。

"小我"关注的是个人的生存、利益、欲望和情感，它倾向于在现实中保护自己，避免痛苦，追求满足。因此，"小我"有时会表现为以自我为中心，过分关注自身的需求和利益。

"大我"则可以理解为超越"小我"的一种更高层次的意识或身份。"大我"通常代表了一个人对更广阔的存在、社会、人类，甚至宇宙的认知和与它们的联结。在荣格心理学中，"大我"与"自性"概念相近，是指整合了个体所有部分（包括意识和无意识）的整体自我，是一种更为完整和全面的自我意识。

"大我"超越了个人的局限，关注的是集体福祉、人生意义、道德价值和更深层次的精神追求。它强调与他人和世界的联结，追求内在和外在的和谐。

要想找到真正的内在力量，坚守自己的原则，我们就要放下"小我"，拥抱"大我"。"小我"是我们的生存自我或本能自我，它关乎我们生存的本能。大多数人从小到大或多或少都受过一些创伤，所以我们会有保护层，很多时候我们都是用保护层来面对外部世界的。面对宠辱得失，我们很容易陷入情绪的泥沼。面对世事无常，我们很难去留无意。"大我"代表我们的本质层，那里是我们本来就有的平和、喜悦、感恩、慈悲……只是这一层经常会被遮蔽，而我们需要去找到那个能让我们安心的"大我"，学会觉察，保持平和。

保护层和本质层的中间层可以理解为脆弱层，代表我们脆弱的情感，如恐惧、孤独、羞愧和伤心等。这些情感我们平时会用保护层小心地保护起来，以免被不熟悉的人发现，但是会向我们最亲近的人展现，所以我们往往容易被最爱的人伤得最深。保护层、脆弱层、本质层之间的关系如图 5-1 所示。

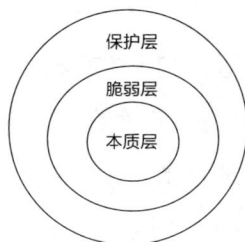

图 5-1 保护层、脆弱层、本质层之间的关系

《拥抱你的内在小孩》一书指出，我们需要去认识内心的恐惧、羞愧等情绪，穿越脆弱层，最后到达本质层。在本质层，个体处于深度放松的状态，能欣赏自己的独特天赋，无须通过奋斗证明自己。我们的内在旅程是要去重新发现自己的本质和天性，由保护层逐渐进入脆弱层，最后到达本质层，去重新拥抱满足感和幸

福感。

"小我"和"大我"的区别是什么呢？以日常生活中的常见情景为例，假设你喝到了一杯美味的咖啡，如果你脑海中响起的声音是"这杯咖啡真好喝！一分钱一分货，看来我还是得多赚钱"，或者"这杯咖啡真好喝！只有我这样有品位的人才能品出来，这才是精致的生活嘛"，那么这种声音一定是"小我"的声音，因为其中充满了自恋、对比和评判。但如果你喝到了一杯美味的咖啡，你脑海中响起的声音是"这杯咖啡真好喝！我真的很幸运，能够喝到这么美味的咖啡！我很感谢制作这杯咖啡的人，我也很感恩生活的馈赠，它让我有闲情和机缘遇到这杯咖啡"，那么恭喜你，你正在与"大我"联结。

感恩与喜悦很容易让我们产生心流，忘我自在，我们在这一时刻是喜悦与平和的，不带攻击性的，很容易被他人接纳。在生活中，我们需要扮演好观察者的角色，对自己的情绪保持觉察。比如，我会经常思考：是不是"小我"又跳出来想控制局面了？我能不能放弃控制，选择顺应？

生命的真正意义是活在正念中，享受每一个当下，把本身的良好状态展现出来。这需要智慧，更需要不断地自我完善。愿你我都能走上这条少有人走的路！

底线思维：永远保有重启人生的能量与资本

作为有法学和管理学背景的心理咨询师，我的咨询风格最大的特点在于对多学科的融合运用。我已经通过博弈思维等工具向大家阐述了如何更好地经营关系，在这节中，我将给大家讲讲如何运用底线思维控制人生风险，避免人生"爆仓"，帮助大家永远保有重启人生的能量与资本。

防止人生"爆仓"的底线思维

所谓"底线思维"，是指认真评估风险，预估可能出现的最坏情况，并且在此基础上制定策略。因为我们害怕承担跨入未知领域所带来的后果，所以我们会拖延决策，最后导致错失良机。底线思维会影响我们的生活态度，能够为我们提供继续前进时所必需的动力。简单地说，底线思维就是帮助我们在考虑清楚最坏的情况后明确做出选择，绝不拖延。

法律是社会的底线，法律的存在让我们知道什么是突破底线的行为，也让我们在处理突破底线的行为时有所依凭。对个人来说，有无底线思维，结果可能会有天壤之别。我在这里给大家分享两个故事：一个是雷曼兄弟倒闭的故事；另一个是强生公司泰诺危机处理的故事。

雷曼兄弟是一家拥有 158 年历史的投资银行，曾经是华尔街的翘楚。然而，在 2008 年金融危机中，由于缺乏底线思维，公司最终破产。

雷曼兄弟过度依赖于高风险的次级抵押贷款市场，没有充分考虑到房地产市场可能崩溃的情况。当房地产泡沫破裂时，公司面临巨大的流动性危机。更糟糕的是，公司高层没有及时采取措施减少风险敞口，反而试图通过会计技巧来掩盖问题的严重性。

他们没有制订有效的应急计划，也没有考虑到最坏的情况可能发生。当危机真正来临时，公司已经没有足够的资金和时间来挽救局面。最终，雷曼兄弟在 2008 年 9 月 15 日宣布申请破产保护，这直接引发了全球金融市场恐慌。

这个案例清楚地表明，缺乏底线思维可能导致灾难性的后果，即使对于看似不可能失败的大公司也是如此。

1982 年，强生公司旗下的止痛药泰诺遭遇了一场严重的危机。有人在芝加哥地区的泰诺胶囊中掺入了氰化物，导致 7 人死亡。这本可能成为彻底毁掉泰诺品牌的灾难。

然而，强生公司展现了出色的底线思维。他们立即采取了以下行动：

1. 立即召回市面上所有的泰诺产品，尽管这意味着巨大的经济损失。

2. 暂停所有泰诺的广告和促销活动。

3. 与媒体和公众保持开放和诚实的沟通。

4. 与执法部门全面合作，协助调查。

5. 开发新的三重密封包装，以防止未来可能发生的篡改。

强生公司的首席执行官詹姆斯·伯克（James Burke）坚持"公众利益第一，公司利益第二"的原则。他认识到，如果不果断采取行动，公司可能会失去公众的信任，这将是最坏的结果。

这种底线思维帮助强生公司度过了危机。在产品重新上市后，泰诺很快恢复了市场份额。更重要的是，强生公司赢得了公众的信任和尊重，成为危机管理的典范。

这个案例表明，即使在最糟糕的情况下，坚持底线思维也能帮助组织做出正确的决策，最终不仅使其渡过危机，还可能使其在逆境中获得成长。

这就是有无底线思维的区别，底线思维在我们应对危机和进行心理能量管理时具有以下积极意义。

一是帮助我们面对现实，预料可能出现的最差情况，接受现实并制定应对策略。

二是让我们意识到一旦我们处于底线所在的位置，我们唯一能做的事只有"向上"。这有助于我们更好地克服恐惧心理，从而有机会摆脱焦虑，让心理能量及时得到补充。

三是帮助我们明确下一步的行动，明白对我们来说什么才是真正重要的，并对各种替换方案和解决办法保持更加开放的思维。

那么，我们需要在哪些方面用底线思维来护住人生的基本盘呢？

对身体健康的底线管理

身体健康的重要性怎么强调也不过分，因为身患重疾不仅会马上让你的职场竞争力降低，更会迅速消耗你的财富，除此之外，你在治疗的过程中还会非常痛苦。

为了保持健康，降低身患重疾的概率，我强调几个要点。

1. 养成运动的习惯

如果你只能养成一个习惯，我希望你选择养成运动习惯。只要你还在坚持运动，你的能量管理就不会差到哪里去，你的人生状态应该也不至于太糟糕。据统计，坚持运动的人比不运动的人长寿，并且坚持运动的人的身体素质和生活质量比不运动的人要高出很多。

所以，如果你已经忙到每天连半小时的运动时间都抽不出来，那就可以考虑换工作了。但是，如果你确实是因为自己太懒、能量管理效率太低而没有运动，就不要再给自己找借口，努力养成运动的习惯，从"2 分钟规则"开始，认真"打卡"和坚持，形成仪式化习惯，这样你会受益终身。

2. 保持积极的情绪

情绪对健康的影响大到远远超乎我们的想象。《美国心脏病学会杂志》（*Journal of the American College of Cardiology*，JACC）曾指出，对工作的满意度与对人生的乐观程度是决定心脏病患者能否康复的重要因素，高压力感知人群的死亡率明显高于无压力人群。

没有什么事情值得让你长期处于倍感压力与焦虑的状态，如果这种状态已经明显影响到了你的身心健康，那么你一定要及时调整，以免负面情绪不断累积，最终导致你身患重疾。

前文中介绍的呼吸法能帮助你应对压力和调节情绪，成长型思维模式更是能帮助你学会依靠积极转念来应对生活中的挑战，把挑战看作成长的机会，积极改变你能控制的部分，坦然接纳你不能控制的部分。这都是保持积极情绪的重要方法，也是避免你的身体出现大问题的有效方法。

3. 饮食与作息要健康

对于这一方面，我已经在前文中介绍过，下面我只强调两个注意事项。

一是尽量远离垃圾食品与烟酒。如果你能帮助自己或家人远离垃圾食品与烟酒，那么你和你的家庭成员身患重疾的概率就会低很多。首先你要从自身做起，管理好自己的饮食习惯，真正做到知行合一，然后影响全家人的饮食习惯。

抽烟和饮酒在有些应酬场合难以避免，但我还是要提醒一句，如果你的工作只有靠饮酒才能完成，那么你就要问问自己的核心竞争力是什么。对于用身体去赚钱，很多人觉得自己年轻，无所谓，我的经验是，什么时候都不要做这种选择。我希望大家在健康管理方面有一定的风险意识，不牺牲健康走捷径，而是延长自己的故事线，收获时间的复利。

二是尽量不要熬夜，保证作息规律。这个方面的重要性我在前文已经提到了，只是在这里强调一句：如果失眠已经严重影响到你的情绪状态和专注力了，请你一定要及时调整，因为良好的睡眠能够帮你提升身体免疫力，大大降低患病的概率。

对财富的底线管理

在财富管理方面，我不是投资专家，没有太多能帮你实现资产增值的投资建议，但我想提醒你的是要学会防范财务风险。

底线思维在财富管理方面离不开防止爆仓的风险思维。我们知道，一些人之所以会在赌场上输得精光，就是因为他们选择了全部押上，而他们又没有足够雄厚的资本，所以不管之前赢了多少，只要输一把就会导致满盘皆输。一些家庭将家当全部砸进资本市场，最后血本无归。大家可以去看一部电影——《大空头》，它把那些在资本市场中博弈的人内心的煎熬展现得淋漓尽致。

对财富进行底线管理的核心是防范财务风险，使你的资产得到保护和稳健增长。首要任务是建立应急基金，这笔钱通常相当于 3 ~ 6 个月的生活开支，这能帮你应对突发事件，避免陷入财务困境。同时，分散投资也是至关重要的，不要将所有资金集中在单一类型的资产上，而应在股票、债券、房地产等不同类别中合理配置。

在进行投资时，设定明确的投资限额尤为重要。对于高风险投资，只使用你可以承受损失的资金，比如将其限制在总资产的 10% 以内。此外，要谨慎使用杠杆，否则可能导致灾难性的后果。

持续学习财务知识，了解市场动向是财富管理的重要环节。对看似"稳赚不赔"的投资要保持警惕，在做出重大财务决策前，最好咨询专业人士的意见。同时，制定长期财务计划也不可或缺，设定明确的长期目标，并据此制定具体的储蓄和投资策略。

防范财务欺诈同样重要，要保护好个人信息，警惕身份盗窃，对要求快速决策或承诺高回报的投资机会保持谨慎。购买适当的保险，如健康保险、人寿保险和财产保险，可以使你在面对重大生活事件时避免财务损失。

此外，培养节俭习惯和保持职业竞争力也是财富管理的重要组成部分。控制不必要的开支，持续提升自己的技能和知识水平，这能帮助你维持稳定的收入来源，构建坚实的财务防线。利用这些策略，即使在面对市场波动或个人财务危机时，你也能保持财务状况稳定，为未来的财富增长奠定安全基础。

底线思维不仅适用于身体健康管理和财富管理，还适用于很多其他方面，比如关系管理。你要避免被危险的关系拖下水，远离那些黑洞型人格的人（主要表现为消极地看待世界，负能量爆棚，并且控制欲极强），不管他看起来有多聪明，你都要尽量远离。

对亲密关系的底线管理

对亲密关系进行底线管理，主要是防止两件事：一是家暴；二是情绪勒索。

对于家暴，我的建议是坚决说"不"，一定要明确自己的底线和可以接受的最坏结果。对于尊严、生命、自由、健康、亲情，你需要认真审视，明确它们在你人生中的分量，可以根据自己的需求来为它们排序，从而明确自己的底线。

在这里，我之所以把"尊严"放在第一位，是因为大多数愿意忍受家暴的人都有低自尊的问题，而很多低自尊的人都有另外一个不自知的问题，那就是有很强的依赖感，人格不独立，行为无规则，通过讨好回避根本问题，最后却导致问题越来越严重，直到酿成悲剧。

我接触到的很多家暴案例中，其实双方的行为模式都在纵容家暴的发生：忍受家暴的一方因为缺乏底线，一退再退，把自己变成了一个低自尊和习惯受虐的人；施暴的一方刚开始只是用操纵和轻微的暴力来试探对方的底线，然后越来越张狂，最终把自己变成了一个习惯用暴力来解决问题的人。

所以，要想避免被家暴，就一定要有能为自己的选择买单的底气，同时学会拒绝畸形的爱。做事有原则，做人有威信，决不允许任何人触碰自己的底线，这才是真正的自尊与强大。

要想拥有这份底气，你需要对最坏的结果进行清晰的预判，然后坦然面对自己的选择。比如，面对家暴坚决说"不"的最坏结果往往就是与对方结束亲密关系，但这样的结果真的是不能承受的吗？

很多在家暴中选择继续忍让的受害者考虑得最多的就是孩子，总觉得作为父母需要给孩子一个完整的家。然而，心理学研究已经发现，生活在暴力家庭中的孩子可能会习得暴力，这也是暴力犯罪的少年犯往往来自暴力家庭的原因。所以，忍受家暴不仅不是在帮助孩子，反而有可能害了孩子。带孩子及时坚决地离开暴力家庭，这是保护自己和孩子最好的方式。

而对于情绪勒索，前文中已有详细的讲述，此处不再赘述。

总的来说，无论是面对家暴还是情绪勒索，关键都在于认识到自己的价值，设立明确的底线，并且有勇气捍卫底线。只有这样，你才能在亲密关系中维护自己的尊严和幸福。

复利思维：用时间的积累换取更多的资源和机会

乔布斯在斯坦福大学演讲时说过这样一段话："在我上大学那会儿，我不可能有先见之明，把那些生命中的点点滴滴都串联起来；但10年后再回头看，生命的轨迹变得非常清楚。我再强调一次，你不可能充满预见地将生命中的点点滴滴串联起来。只有在你回头看的时候，你才会发现这些点点滴滴之间的联系。所以，你要坚信，你现在所经历的，将在你未来的生命中被串联起来。"

这段话曾给我巨大的力量，让我在31岁时放弃了稳定的工作，毅然选择去海外求学和开启从零开始的打拼生活。其实我当时并不确定自己的选择是否正确，因为有太多的不确定性在前方等着我，但是对于做一个真正拥有国际视野的专业人才，我从来没有动摇过，所以我硬着头皮往前走。多年后，我回首当初的选择，才清晰地看到自己的坚持换来的丰硕复利，而随着时间的推移，我知道这份复利还会不断增加。

非洲经济学家丹比萨·莫约（Dambisa Moyo）在《援助的死亡》中有一句名言："种一棵树最好的时间是10年前，其次是现在。"沃伦·巴菲特（Warren Buffett）认为，人生就像滚雪球，关键是要找到足够长的坡和足够湿的雪。这些理念传递的都是一种关键的能量管理思维——复利思维。什么是复利思维呢？通俗地说，就是利滚利的思维，它是努力使事物实现指数级增长的一种思维方式。假设一张纸的厚度是 0.1 毫米，把这张纸对折 42 次，其厚度就达到约 44 万千米，而地球与月球的平均距离只有约 38 万千米。听起来很不可思议吧，这就是复利的巨大力量。

掌握复利思维的困难之处

道理大家都懂，但为什么在生活中掌握复利思维如此困难呢？因为复利思维需要我们挑战人性的两大弱点。

1. 讨厌等待

很多人热爱即时满足、讨厌等待，只是囿于时间和空间而被迫克制而已。在远古时代，先民们时常饥一顿饱一顿，迫切需要即时满足，以应对死亡的威胁。到了农耕时代，先民们实现了春种秋收，具备了延迟满足的能力。而随着互联网时代的到来，我们的心理期待发生了巨变。我们有了"按秒计算"的预期后，再回头看"以天为单位"，当然觉得不能忍受。"点击一下手机屏幕就获得一次响应"的满足感不断地强化即时满足的心理。

所以，很多人都有一种感觉，在互联网时代，一些人变得越来越急躁，其耐心已经到了用秒来衡量的地步。所以，我强调复利思维，希望大家把延迟满足的能力用在刀刃上，这样大家就很可能收获人生复利。

2. 对不确定性的恐惧与规避心理

二十世纪六七十年代，斯坦福大学心理学教授沃尔特·米歇尔（Walter Mischel）针对 3 ~ 5 岁的孩子做了一个棉花糖实验。实验人员在每个孩子面前放了一块棉花糖，告诉他们："你们可以现在吃掉这块棉花糖，或者可以先不吃，等 15 钟后我回来，你们就可以额外获得一块棉花糖。"实验人员离开后，孩子们面对食物诱惑的差异慢慢彰显出来：有的孩子在第一时间吃掉了棉花糖；有的孩子一开始只是舔了舔棉花糖，但最后还是将其吃了；有的孩子等待了 15 分钟，然后获得了第二块棉花糖。这些孩子在 10 年后上了中学，实验人员跟踪其中的 50 多个孩子，通过进一步调查发现，当年在棉花糖面前等待时间越长的孩子，10 年后的学习成绩越好，身心越健康。

在棉花糖实验中，孩子与实验人员之间建立信任关系非常重要。实验中，如果孩子们真的相信实验人员说的话，确定 15 分钟后可以获得第二块棉花糖，那么选择不吃第一块糖的孩子会多一些。

总而言之，对不确定性的恐惧与规避，是一般人掌握不了复利思维的原因之一。要想找到正确的领域并持续实现复利效应，不是一件容易的事。

实现复利效应的 3 个心法

如何实现复利效应呢？我在这里给大家传授 3 个实用的心法。

1. 形成垄断优势

我有一个在私募行业从事法律服务工作的律师朋友，短短几年，她的收入就翻了十几倍。我问她是怎么做到的，她说其实就是找到了自己真正喜欢并且擅长的事情，然后坚持做下去。

我问她到底是如何坚持下来的。她坦言，其实刚开律所时，为了生存，她不可能对业务太过挑剔，但慢慢地，她发现她的业务杂而不精，这样下去，她的律所很难脱颖而出。

她仔细梳理了自己的核心优势，发现自己的大公司财务背景和良好的人际关系让她在私募行业很有优势，当时恰逢私募行业新规出台，她第一时间组织律所的同事研究和吃透新规，并且开设了微信公众号，专门推送解读新规的文章，没想到短短半年时间，其订阅用户就突破了 10 万人。从此，她开始专注于私募行业法律业务的钻研和分享，获得了稳定的案源，她的律所也成为这方面的领头羊，她的代理费用自然也是水涨船高。这就是垄断优势的价值。

硅谷著名投资人彼得·蒂尔（Peter Thiel）也明确表示，要想持续获得复利，唯有形成垄断优势。如果你拥有不可替代的垄断优势，那么你获取超额的复利便是自然而然的事。

对个人而言，什么叫"垄断"呢？比如上文中提到的那个朋友，她在大家心中的标签就是"私募律师第一人"，这个标签会让私募行业的客户慕名而来，也让她具备了挑选客户的资格。她挑选客户时注重的不完全是费用，还有案件的典型性，所以她能在短短几年时间里就成为国内第一梯队的律师，甚至在某些细分领域成了"第一"。这些都进一步加强了她的垄断优势，使她进入了越有名越吸引大案件，越办大案件越有名的复利正循环。

"寿司之神"小野二郎也是通过不断刻意练习把一件事情做到极致，从而有了自己的核心标签，在广大客户心中占据了一条独特的赛道，最后成就了自己独一无二的价值，也拥有了定价权。

所以，你应该找到自己的核心标签，然后沉下心来持续努力，不断复盘，精益求精。时间会成为你最好的朋友，让你最终收获复利。

2. 学会延迟满足

尽管延迟满足很重要，但是想要做到它需要克服人性的弱点，所以往往很难实现。真正能做到延迟满足的人，从本质上看都能着眼于长期价值。

诺贝尔经济学奖得主约瑟夫·斯蒂格利茨（Joseph Stiglitz）认为，学习是持续增长与发展的关键动力。

延迟满足会让你暂时放弃当下的享受，但可以带给你让自己不断精进的机会与途径，让你将注意力更多地集中在对核心标签的打磨上，从而增加自己向内探索以及与优秀思想对话的时间。这会使你在迭代思维的过程中提升自己的学习能力、适应能力，使你愿意主动去做更多的事情，得到更多的磨炼，并让主动性在实践过程中得到强化。

你需要洞悉时间的机制，用持续学习来塑造自己的垄断优势，致力于获得长期利益，从而实现复利效应。

3. 坚持下去，实事求是

张宏杰老师是我的朋友，他的《曾国藩的正面与侧面》是我的枕边书，我每隔一段时间就会翻一翻，感受一下曾国藩这个天资普通、脾气倔强的湖南老乡能够成就大事并且功成身退的"笨拙"智慧。

张宏杰老师对曾国藩的总结非常到位。曾国藩一生经历千难万险，处理过无数大事，大体都处理得很得当。其过人之处就是不怕费心费力，对事物进行不留死角的深入分析，在此基础上找出要害，把握关键。每次处理完事情后，他还要总结经验教训，以备下一次参考。曾国藩的精明就建立在这样的"笨拙"之上，这样的绞尽脑汁和殚精竭虑之上。

曾国藩在广阔的世界面前是谦卑的、老实的，他不预设什么，也不禁止什么，更不妄断什么，只是有一说一，有二说二。他善于从庸常琐碎的现实生活中汲取和提炼智慧，善于从他所接触的一切精神资源中搜寻有用的东西。他的理想主义与现实主义不是相互冲突的，而是相互滋养的。因此，他才具有长远的眼光和巨大的力量，才能成就大事业。

复利思维强调坚持的力量，但是如果你在坚持的过程中缺少及时和积极的反馈，只是靠蛮力为之，很多时候你是坚持不下去的。

曾国藩为什么能够坚持下去？因为他拥有成长型思维模式，把每一次对事情的处理都当成学习与自我提高的机会。通过不断钻研与复盘，他对事物本质规律的把握达到了一个新的高度，这就是认知水平不断提升的过程。这样的"笨功夫"加上时间的复利，成就了他与众不同的洞察力与智慧。

此外，曾国藩实事求是，秉公执法，从来不走捷径，不谋求私利，所以在很多次重大考验中，他都做到了公允得体，进退有据，从而能够做到功成身退。这样，他就能够延长自己的故事线，依靠时间的复利活出精彩。

我们能做的就是保持学习能力，培养自己关注长期价值的观念，真正摆脱庸常路径，朝自己选定的方向坚定前行，从而收获人生的复利。

积极主动：把积极主动的思维方式融入生活

我在前文分享过稻盛和夫的人生成功方程式，稻盛和夫认为热情和能力的数值范围都是 0 ～ 100，唯独思维方式的数值范围是 –100 ～ +100，这就意味着消极被动的负面思维方式带来的破坏力远超我们的想象。相反，如果我们拥有了积极主动的正面思维方式，那么，人生的大方向就不会跑偏。在这一节，我将介绍如何运用积极主动的思维方式从被环境改变转变为主动改变环境，不断提升自己的影响力。

积极主动的真实含义

史蒂芬·柯维在《高效能人士的七个习惯》一书中把积极主动当作第一个习惯，也是最重要的一个习惯来讲。可以说，积极主动是其他六个习惯的基础。我为什么要把积极主动放到本书的最后来讲呢？其实，我这样做主要有两个原因。

一是我不希望积极主动在大家心中仅仅成为口号似的存在。我们从小到大常被提醒做人要积极，做事要主动，但扪心自问，我们真的了解积极主动的真实含义吗？恐怕大多数人都会给出否定的答案，因为这4个字过于"鸡汤"，如何将这一观念付诸实践，人们实则并不明了。

二是能量管理课程其实也是一个闭环，学完并不代表执行完。通过学习，你对自己在能量管理方面的不足应有了一定的认识，此时，通过积极主动的引导，你醍醐灌顶，得以总结经验，为下一阶段的实践奠定基础。可以说，积极主动在这个过程中起到了承前启后的作用，照亮了你进行能量管理的前行之路。通过不断地刻意练习，你会成为真正的能量管理高手。

积极主动的两个黄金法则

我们如何在能量管理方面或者生活中践行积极主动呢？史蒂芬·柯维指出，已经被广泛接受的用来解释人性的有3种决定论：第一种为基因决定论，主张人的本性是祖先遗传下来的，如易怒；第二种为心理决定论，强调童年经历和父母的教育方式对人的本性的影响，如遭受虐待导致脾气暴躁；第三种为环境决定论，主张环境决定人的本性。这3种决定论都以"刺激—回应"理论为基础。然而，积极主动强调个体的反应并非完全由外界刺激所决定，而是源于自身选择。这一观念具体体现在以下两个黄金法则上。

黄金法则一：你永远都是有选择的，你要主动选择你的一切，而不是被动承受。

我在前文提到了心理学家弗兰克尔说的一段话，在这里我认为有必要重复一下，相信每一次重复都能让你对这段话的理解达到一个新的高度，直到它能真正引导你的思维模式。他说："在刺激和回应之间存在一个空间。在这个空间里，我们有能力选择我们自己的反应，通过反应，我们会看到自己的成长和自由。"

这种选择自身反应的思维方式就是积极主动。如果你能时刻记住你是有选择的，那么你的情绪就不会轻易地被周围环境或者他人左右，你就能够专注于解决问题，而你的力量感也会在这一过程中彰显无遗。

心理学领域著名的情绪 ABC 理论也能很好地解释这个法则。美国著名心理学家阿尔伯特·艾利斯认为，人的情绪和行为后果不是由某一激发事件（activating event，A）直接引起的，而是由经受这一事件的个体对它不正确的认知和评价所产生的信念（belief，B）直接引起的，最后导致在特定情景下的情绪和行为后果（consequence，C），这就是情绪 ABC 理论。

比如，我们一般都认为是激发事件 A（如亲人离世、爱人背叛自己、财产损失等）引起了情绪和行为后果 C（如悲痛、抑郁、愤怒等），实际上二者并没有直接联系，因为人们对激发事件 A 所持的信念 B 才是导致 C 的直接原因。

引起人们情绪困扰的并不是外界发生的事件，而是人们对事件的态度、看法、评价等，因此摆脱情绪困扰的方式不是致力于改变外界发生的事件，而是改变认知，通过改变认知，进而改变情绪。这就是我们说的转念，这不是鸡汤，而是我们深层的思维升级。如果我们能够打破自己的思维定式，换个角度看待问题，那么我们的情绪自然就会发生转变。

黄金法则二：你需要把主要精力集中在你的影响圈上，不断扩大你的影响圈，而不是将太多精力耗费在关注圈上。

史蒂芬·柯维强调，通过观察一个人的时间和精力集中于哪些事物，可以大致推断他是否具备积极主动的特质。每个人都面临两个关注范畴，它们分别是关注圈和影响圈。关注圈涵盖了我们关注的问题，如健康、子女、事业、工作、社会问题，乃至世界和平或战争等。在关注圈中，有些事物可以被我们掌控，有些则超出了我们的掌控范围。我们能掌控的部分便构成了影响圈。

通常情况下，影响圈小于关注圈（见图5-2）。积极主动者会将注意力集中在影响圈上，他们致力于完成自己力所能及的任务。他们保持积极开放的心态，乐于分享和输出，勇于接受挑战和改变，这使得他们的影响圈不断扩大。

消极被动者则紧紧盯着关注圈，其注意力完全被他人的弱点、环境问题以及自己无法控制的其他各种问题吸引，结果他们越来越喜欢抱怨，常常自怨自艾，并喜欢给自己的消极不作为找各种借口。这会使内耗越来越严重，导致其能量越来越少，影响圈也越来越小。

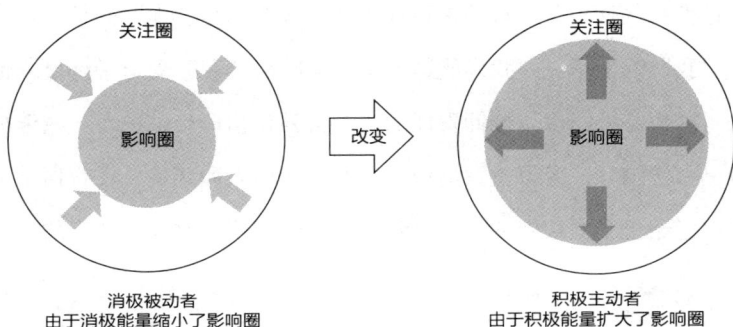

图 5-2　积极主动的本质在于扩大你的影响圈

在我的训练营里，我发现有些学员积极分享自己的打卡记录以及自己的践行故事，同时也认真看其他学员的打卡记录，并且会真诚地给予反馈，我能够明显感受到这些学员之间的互动和情感交流多了起来，这些积极分享和反馈的行为其实就是在扩大自己的影响圈，同时也体现了积极主动的品质。

如何将积极主动的思维融入生活

在这里，我要教给大家 3 个实用的方法，让大家可以把积极主动的思维融入生活。

1. 培养使用积极主动的语言的习惯

我们需要更全面地检视自己的语言表达习惯，把消极被动的语言替换成积极主动的语言，因为语言的力量是无穷的。比如，

"你把我气疯了"的意思是责任不在"我"，是"你"的行为左右了"我"的情绪。"我只能这样了"意味着"我"受迫于环境或他人。这都是外归因。推卸责任的语言会强化宿命论，说者一遍遍被自己"洗脑"，变得越发消极，不断抱怨他人和环境，在言语上就给自己贴上了失败者的标签。我们可以试着改一改我们常用的消极被动的语言。

我已无能为力了。→我想试试看还有没有其他可能性。

你把我气疯了。→我可以控制自己的情绪。

他们不会答应的。→我可以想出更有效的表达方式。

我只能这样了。→我能选择恰当的回应方式。

我不能……→我选择……

我不得不……→我更愿意……

要是……就好了。→我打算……

马歇尔·卢森堡就是用这样的方式将"不得不"转化为"我选择"，史蒂芬·柯维也用这样的方式说服了一个学生，让他学会运用积极主动的方式承担后果。

一个学生向史蒂芬·柯维请假："请您准我的假，我必须随网球队到外地比赛。"

史蒂芬·柯维问："你是自愿，还是不得不去？"

"我真的不得不去。"

"不去会有什么后果？"

"他们会把我从校队中开除。"

"你愿意看到这种结果吗？"

"不愿意。"

"换句话说，为了待在校队，你选择请假，可是缺课的后果又如何呢？"

"我不知道。"

"仔细想一想，缺课的自然后果是什么？"

"您不会开除我吧？"

"那是人为的社会后果，而不能留在网球队，就不能打球，那是自然后果。缺课的自然后果是什么呢？"

"我想大概是失去了上这堂课的机会。"

"不错，所以你必须权衡后再做出选择。如果换成是我，我知道我也会选择网球巡回比赛，但你千万不要说你是被迫这么做的。"

最后这个学生当然还是选择了参加比赛，但他已经明白他这么做是出于自己的选择。我也经常让爱抱怨的学员从改变自己的语言表达习惯开始，用积极主动的语言提醒自己时时有选择。

2. 主动思考解决方案，扩大影响圈

当你遇到某个问题想抱怨时，你不妨多多思考一下问题的解决方案，通过主动思考解决方案扩大影响圈。

史蒂芬·柯维举了一个主管的例子。当面对一个精明能干却独断专行的总裁时，几乎所有的主管都选择了消极被动的回应方式，经常聚在一起发牢骚，强调自己怎么用心良苦，而总裁怎么蛮横无理，这导致了很多事情被低效处理。有一个主管没有选择抱怨，尽管他也了解总裁的缺点，但他积极想办法减少这些缺点带来的影响。面对总裁的颐指气使，他就尽量减轻下属的压力，同时又设法配合总裁，把努力的重点放到他能够影响的范围内。结果后面开会时，总裁对其他的主管仍然是直接命令，却主动向这位主管征求意见："你的意见如何呢？"这说明他的影响圈已经扩大了。这个时候，那些爱抱怨的主管又把攻击的矛头指向了他，但是他都以平常心待之，并积极说服总裁考虑大家的合理意见。结果，他的影响圈越来越大，公司里的任何重大决策都离不开他的参与，总裁对他极其倚重，并不认为他的存在对自己构成威胁，反而觉得两人可以互补。

3. 拆解任务，专注于能掌控的部分

一般而言，我们在面对一个长期且复杂的任务时，很难获得及时反馈，所以我们要学会分解任务，把大任务分解成一个个能够让我们得到及时反馈的小任务，然后基于小任务构建一个个执行闭环，通过主动寻求反馈，及时调整，不断提升，避免内耗并及时补充心理能量。

构建一个个执行闭环的过程也是不断扩大自己影响圈的过程，因为只有将大任务分解成小任务，我们才能对任务施加更大的影响力，而不是紧盯着自己不能掌控的部分消极抱怨，不断内耗。

我在本书中提到的萱萱之所以产生职业倦怠感，很大程度上

就是因为她的工作任务太庞杂，她得不到及时的反馈和支持，从而导致能量不足。她经常要配合处理一些大的案件，而她只能负责其中的一些环节，对于整体案件的走向的把控非常有限。但萱萱又是一个责任心极强的人，当案件的走向不能如她所愿，当事人表现出失望或抱怨，或者诉讼的结果不尽如人意时，她都会特别沮丧和自责，这种负面情绪进一步损耗了她的能量。

我对她的建议是尽量在复杂任务中调动自己的能动性，通过分解任务和寻求反馈扩大自己的影响圈。要想扩大影响圈，首先要区分哪些事情是自己可以掌控的，哪些事情是自己不能掌控的，把关注点放在自己能够掌控的事情上。对于自己不能掌控的事情，需要学会接纳和放下；对于能够掌控的事情，不能轻易放弃自己的主动权和影响力。

比如，通过复盘，我和萱萱发现她能够掌控的是如何为开庭做最好的准备，以及如何与客户做更深入的沟通，管理好客户的期待值，而她不能掌控的是法院的案件处理进度和最终的诉讼结果。所以，我让她把注意力放在她真正能够掌控的事情上，她开始更积极地做开庭前的准备，通过模拟开庭，她获得了很多灵感。同时，她开始更多地与客户积极主动联系，明确告知客户案件的进展情况，让客户放心。在处理案件的每一个阶段，她都会和客户说明自己能够做的部分，这样客户对她的理解越来越多，和她的沟通也越来越顺畅，这些都使她的能量得到了及时的补充。

因为她的表现出色，她越来越受到领导的重视，领导开始把更多的管理工作交给她。当然，刚开始她还是有点缺乏被讨厌的勇气，杂事做得比较多，后来我鼓励她主动找领导沟通，调整了自己的工作内容，把更多的精力放在能够给自己带来心流体验的事情上。这样，她在工作中的成就感越来越强，她慢慢走出了职业倦怠的陷阱。

她把这种扩大影响圈的方法也运用在管理她的亲密关系上，更专注于目前丈夫能够完成的任务，同时给予其更为清晰明确的指示，然后对丈夫做得好的部分不断给予积极反馈。经过一段时间后，她发现丈夫的配合度明显提高，她终于找到了拥有高效能人生的感觉。

可以说，积极主动是心理能量管理中最重要的一课，贯穿心理能量管理的始终，我们所有的习惯养成和思维训练都需要将积极主动作为底层逻辑。同时，我也希望你通过对本书的学习和对相关知识的运用，在对能量管理的理解和践行方面达到一个新的高度。